本书出版获得以下资助：
· 国家自然科学基金重点项目“基于生命周期的数字信息资源深度开发与管理机制研究”（项目编号：70833005）
· 国家自然科学基金项目“知识网络的形成机制及演化规律研究”（项目编号：71173249）

数字信息资源开发利用与管理研究丛书

丛书主编　马费成

知识网络的形成与演化

Formation and Evolution of Knowledge Network

刘向　著

图书在版编目(CIP)数据

知识网络的形成与演化/刘向著.—武汉：武汉大学出版社,2014.6
数字信息资源开发利用与管理研究丛书
ISBN 978-7-307-13240-5

Ⅰ.知…　Ⅱ.刘…　Ⅲ.互联网络—应用—知识学　Ⅳ.G302

中国版本图书馆 CIP 数据核字(2014)第 085727 号

责任编辑:詹　蜜　　责任校对:汪欣怡　　版式设计：马　佳

出版发行：**武汉大学出版社**　(430072　武昌　珞珈山)
(电子邮件：cbs22@ whu. edu. cn　网址：www. wdp. com. cn)
印刷:武汉中远印务有限公司
开本：720×1000　1/16　印张:15.25　字数:216 千字　插页:1
版次:2014 年 6 月第 1 版　　2014 年 6 月第 1 次印刷
ISBN 978-7-307-13240-5　　定价:32.00 元

版权所有，不得翻印；凡购我社的图书，如有质量问题，请与当地图书销售部门联系调换。

总　序

自20世纪50年代数字信息资源产生之后，数字信息资源的开发利用和管理就一直受到各国政府、企业机构以及学术界的重视，仅相关法规就超过2 000部。尤其是近年来，数字信息资源的“井喷式”增长，给理论研究和管理实践都带来极大挑战。主要表现在四个方面：

第一，总量急剧膨胀，但组织无序，存取效率低；第二，数字信息资源生命周期极大缩短，老化速度加快，以致数字信息资源所依托的技术环境、业务环境、管理体制和政策难以适应，技术方案深陷“数据危机”；第三，数字信息资源的拥有和利用能力形成的数字鸿沟严重影响了社会公平，影响其可持续开发；第四，数字信息资源的集中保存机制弱化以致存储机构更加扁平化，数字信息资源内容的权威性面临极大挑战，使得有价值的资源得不到有效利用。而我们当前的数字信息资源管理方法、理念和机制还仍然停留在传统信息资源的生命周期环境，凸显出很多不适宜、不协调的因素。此外，数字信息资源本身不同于以往任何信息资源的特殊性，也给其管理和利用带来极大不便。

数字信息资源本身具有十分重要的作用。作为信息存储和传递的重要载体，是科学决策的重要依据，也是科学研究和创新的重要支撑，是提升公众社会福利的重要领域，还是一国或一个地区精神文化的重要组成。数字信息资源也是一个国家的数字资产，是学术研究信息的数字存档，一个国家的科技创新能力以及与此相关的国际竞争力都依赖于其快速、有效地开发与利用数字信息资源的能力。因而，必须结合我国的国情，深入研究，制定科学、可行的管理体系。具体到我国，数字信息资源总量还不够(仅占全球信息总量的7.9%)，分布和结构都不合理，作为大国崛起的文化战略也需加强数字信息资源开发利用。因此，国民经济和社会发展“十一五”规划纲要、国家中长期科学和技术发展规划纲要(2006—2020)、2004年《关于加强信息资源开发利用工作的若干意见》以及《2006—2020年国家信息化发展战略》都将网络(数字)媒体信息资源的开发利用计划列为我国的战略发展计划，还是今后很长一段时间内的重要任务。

著名的数字图书馆专家Neil Beagrie和Maggie Jones指出，“数字信息的飞速增长，已经严重影响我们的文化、知识库和经济。”尤其是数字信息资源总量呈高指数增长，已经影响到信息资源的有效开发利用，并危及人类的知识再创造活动，因而围绕数字信息资源而展开的研究在全球范围内兴起。美国加州大学伯克利分校的博格曼教授坦言，数字信息的研究是歧义最多，解释视角最为广泛的模糊研究领域；DPC报告也指出，数字信息资源研究“作为新生学科，最大不足是缺乏科学的术语定义和术语分类体系”。目前，国内专家学者关于数字信息资源的狭义定义大体上能达成一致，即电子形式的信息资源，指一切以数字形式生成和发行的信息资源。但是对数字信息资源管理的内涵，却存在三类不同的研究范式：系统(技术)学派专注于其技术实现和信息管理，而对于其资产、内容及文化的价值属性没有有效考虑；经济管理学派专注市场、产业、制度和社会行为，却面临公平与效率、创新与保护的两难抉择，而且对信息商品生产过程的复杂性关注也不够；过程学派能够比较综合考察技术、管理和经济行为，却往往局限于图书情报的应用领域，未能建立面向政府和企业的综合理论模型。因而，亟须建立一种数字信息资源管理的“全息视野”，数字信息资源的生命周期模型正是分析数字信息资源管理的一个理想的思路和工具。

数字信息资源生命周期系指数字信息资源从生成到其价值失去的整个时间区间，尽管不同主体、不同类型的数字信息资源生命周期各不相同，但都可以映射到由生产—分发—采集—加工—存储—服务—再生产等环节构成的循环上。这一循环实际上对应于数字信息资源的业务流程，为观察和研究数字信息资源生命周期提供了一条清晰的主线，同时也为管理和控制数字信息资源的生命周期提供了可能，使得我们可以采用先进适用的技术方法、合理的政策法律工具通过生命周期循环来管理数字信息资源，以提高其有效开发和利用的效率，而且可以实现数字信息资源的深度开发。

鉴于以上原因，我们在2008年以“基于生命周期理论的数字信息资源深度开发与管理机制研究”为题申请国家自然科学基金重点项目获得批准。我们希望以数字信息资源的生命周期为主线，研究数字信息资源开发、利用和管理的主体、客体和过程的相互影响关系，构建数字信息资源深度开发和管理机制，确立数字信息资源的政策内容架构，有效协调各主体矛盾，并建立过程环节的有效关联，实现数字信息资源的有序管理、深度开发、有效利用和可持续发展，发挥数字信息资源在社会经济、科技、文化发展中的最佳效能。具体实现以下目标：

(1)研究数字环境下信息资源的新特征、新趋势，构建数字信息资源的生命周期模型，并将这一模型应用于数字信息资源开发、利用和管理的不同主体、客体和过程，揭示其相互联系与影响的内外因素，建立数字信息资源深度开发模式和管理机制。

(2)开展政府、企业、学术等不同领域数字信息资源生命周期的实证研究，并对不同生命周期的数字信息资源管理成本、风险、交换和流通效率进行评估，分析其影响因素，建立更为通用的方法论体系。

(3)以数字信息资源生命周期为工具和主线，解决数字信息资源开发过程中的各环节关联性差、技术标准不统一、多元主体冲突、产业高度集中而创新分散、政策法规不完备等给数字信息资源开发带来的问题，促进数字信息资源的深度开发，建立我国数字信息资源产业生态模式并揭示其运作机制。

(4)建立基于数字信息资源生命周期的、结合架构体系和信息资源目录体系的数字信息资源管理架构，并开发或引入相应的辅助工具软件，为政府、企业的数字信息资源管理制度提供参考工具。

(5)通过对数字环境下的政策需求、政策目标的研究，确立数字信息资源政策的内容架构，为制订结构合理的数字信息资源政策提供依据。

课题组通过4年多的探索和研究，基本实现了上述目标。我们在国内外重要杂志上发表学术论文近百篇，提供咨询研究报告3份，并按课题的预定目标完成了多部专著，其中《网络信息序化原理》和《网络信息生命周期模型及规律研究》两部著作已经在科学出版社出版，《数字信息资源优化配置》被列为武汉大学学术丛书即将出版。本套丛书作为上述成果的补充，我们计划出版6本，分别讨论数字信息资源规划、信息搜索、知识网络演化、数字信息资源管理政策等方面的问题，能够比较全面地展示生命周期视角下数字信息资源的开发、规划、管理和利用方面的研究成果。

感谢参加丛书撰写的课题组成员查先进、唐晓波、陆伟、裴雷、丁韧、刘向、罗琳、张晓娟、王晓光、刘萍、陆泉、望俊成等同志，他们不仅承担了课题研究的任务，而且为本套丛书的写作付出了艰苦的努力，特别感谢武汉大学出版社詹蜜女士，她为本书的出版付出了许多辛劳。

数字信息资源开发管理的过程和环境涉及多主体、多维度、多环节、多类型的数字信息资源，相当复杂。依靠一个项目来解决其有效开发利用中的各种问题是不现实的，需要我们继续沿着这一方向深入探索和研究。

马费成

2012年10月于珞珈山

前　　言

知识网络将人类知识构建成一个时间上和结构上无限延展的关联系统，为分析知识的结构、探索创新形成的过程以及指导科技实践提供了一条有效的途径。本书针对知识网络的结构及其演化过程、知识网络中的增长老化、知识网络中热点与趋势的涌现以及知识空间中创造者的迁移分布等几个问题展开了讨论。

对于知识网络的结构及其生成过程方面，针对 Price 经典模型在描述知识产生上与实际大规模统计数据的差异性，探讨了知识演化的马太效应过程中潜隐的时间因素的作用；针对研究者的专业领域限制问题，分析了视域受限条件下的局域演化模型；针对研究者研究问题的聚集性问题，构造了基于邻域演化的过程模型。研究结果表明：度择优所体现的马太效应的作用是全局性的，时间择优所体现的后发优势的影响则是局部的，时间效应一定程度上平抑了度择优所导致的马太效应的负面影响；跨领域交叉机制既保证形成一定集聚拓扑结构又满足学科知识交叉引用的要求；而基于邻域演化的过程模型则生成了兼具小世界和无标度特征的动态增长网络。

对于知识网络中的增长老化问题，采用了知识节点泛增长函数的方式，考察了节点在非平稳增长条件下知识网络的拓扑结构及节点的历时老化；讨论了知识产生的时点与知识增长老化之间的关系，提出了对知识老化曲线形成的一种客观性的新解释；研究了连接边非平稳增长条件下，知识网络的增长老化问题。研究发现：当知识增长率为线性等收敛函数时，知识网络的度分布与增长模式无关，且知识节点的历时被引是一直衰减的；当增长率函数为发散性的指数函数时，知识节点的度分布指数较前者要小，节点的历时被引数则是单调上升的；指数增长模式具有较平坦的度分布，而线性增长等在知识利用上较为均匀，知识利用率的层次性没有体现出来；在所属学科的扩展期产生的知识节点的历时被连接数先上升后下降，而在衰退期产生的节点的历时被连接数一直是衰减的；知识的利用效率随其所属知识领域的扩张而增加，随衰退而减少；出度线性增长形成更平坦的度分布，而出度对数增长对度分布影响不大，出度对数增长更加符合现实情况。

对于知识网络中热点与趋势的形成过程及其探测问题，构建了知识网络中的群体动力学模型。模型认为知识类群的热点与趋势受到关联类群的影响，通过考察知识类群在相互作用的环境中主题词向量的时序变化，进而得到知识类群的演化方向。与传统分析方法的比较研究证实了这一方法的有效性：群体动力学方法对趋势的预测比传统方法具有优越性，对于少数据、不确定性较大的小知识领域的预测效果明显优于传统方法。

对于知识空间中知识创造者的创造活动在时间和空间上的迁移分布问题，统计分析了高产者、低产者和创造者全体在连续知识创造活动中的时间间隔和空间迁移。研究发现高产者的创造活动的时间间隔满足重尾分布，具有阵发特征，长时静默和密集阵发同时存在；低产者的时间间隔分布近似指数函数，随机性和偶然性稍强一些；知识创造者连续创造活动的空间迁移也满足重尾特征，密集的局限于某一领域进行知识创造，然而常常也会进行一些长距的知识领域探索。

本研究受到国家自然科学基金重点项目“基于生命周期理论的数字信息资源管理及深度开发机制研究”(No. 70833005)、国家自然科学基金项目“知识网络的形成机制与演化规律研究”(No. 71173249)、国家自然科学基金青年项目“专利网络中群体行为视角的科技创新趋势涌现研究”(No. 71303090)的资助。

目　录

第1章 绪　论

1.1 研究背景

知识网络的研究立足于理论和实践两个方面的需求，而对这两个方面问题的探讨又是紧密关联的：理论方面的需求是人类日益庞杂、繁复的信息积累，使得人们试图理清知识发展脉络变得尤为困难。随着现在信息和通信技术的发展，信息快速增长，学科领域纷繁复杂，知识门类在高度分化的同时不断趋向综合，已逐步演化为一个复杂的网络体系。面对如此庞大而复杂的知识系统，人们要理清其中知识发展的脉络，对知识的创新领域和发展趋势做出准确的判断也变得越来越困难。这一情势已经危及人类的知识生产、利用和再创造活动，学术界形象地称其为情报危机①。实践方面的需求则与当前经济社会的进步和科技创新密切相关。科技创新是推动经济社会发展的源动力，自近年爆发全球范围的金融和能源危机以来，世界各国纷纷启动了一轮声势浩大的科技创新和产业复兴计划——美国、欧洲、日本等发达经济体投入巨资支持本国在新能源、节能环保、信息技术等方面的科技研发和产业提升②；我国政

① 马费成，等．信息管理学基础[M]．武汉：武汉大学出版社，2002：29.

② 东方证券研究所策略团队．推动中国经济增长的下一个支柱产业——经济发展转轨期的战略性新兴产业[R]．战略性新兴产业专题系列投资策略报告之一，2010-02.

府也迅速将创新提升到国家战略的高度①，提出大力培育和支持战略性新兴产业②。然而，哪些技术是未来发展的核心和前沿，哪些领域是当前亟须突破的重点，成为摆在产业界和科技界面前的首要问题。要对这个问题进行回答，就需要识别知识发展的主干，探讨科技发展的前沿。

知识网络将人类知识构建成一个时间上和结构上无限延展的关联系统，也为分析知识网络的结构、探索创新形成的过程提供了一条良好的途径。美国科技信息研究所创始人 Garfield 在 20 世纪 50 年代便意识到科学引证网络(Citation Network)可以反映科学知识之间传承、发展的关系，并且尝试利用引证网络研究科学知识发展的历史、脉络和结构③；Bernal、Price、Leake 和 Shryock 等学者均表示对这一想法的认同，针对几个领域的引证网络分析也证实了其有效性④。Price 借助物理统计的方法对引证网络的拓扑结构及人们的引证行为进行了分析，通过对文章参考文献的时序分布的研究，指出引证过程中经典理论和研究前沿(Research Front)的区分⑤。1981 年，英国情报学家 Brookes 又提出了认知地图(Cognitive Map)的构想，他认为可以将紧密相连的若干学科领域的固有联系表示成概念联结网络，每一片段情报都成为网络经脉之上的一个要素，从而形成表示科学认知结构的知识发展脉络，他还利用加拿大学者 Farradan 的关系索引和数据库，针对液晶领域的引证数据绘制出了

① 中华人民共和国国务院．关于发挥科技支撑作用促进经济平稳较快发展的意见[Z]．中华人民共和国国务院工作文件，2009-03.

② 温家宝．让科技引领中国可持续发展[R]．首都科技界大会工作报告，2009-11.

③ Garfield E. Citation Indexes for Science [J]. *Science*, 1955, 122: 108-111.

④ 转引自 Garfield E. *Citation Indexing—Its Theory and Application in Science, Technology, and Humanities* [M]. Philadelphia: ISI Press, 1983: 69-123.

⑤ Price D. J. Networks of Scientific Papers [J]. *Science*, 1965, 149: 510-515.

认知地图的雏形①。对于 Brookes 的认知地图构想，马费成对其进行了高度评价，认为认知地图如果成功构建，可以有效遏制人类的情报危机，会使情报学研究取得突破性进展②；赵蓉英、邱均平等学者也认为这一构想指明了未来知识组织的最高目标③。

基于类似的想法，人们探索了分析知识网络结构和知识发展脉络的多种方法和工具，例如科学知识图谱（Mapping Knowledge Domains）④、概念地图（Concept Map）⑤、合作网络（Collaboration Network）⑥、知识超网络（Knowledge Super-network）⑦等。然而，这些研究更多的关注于知识网络的可视觉形态或相互关系的描述上，多是定性的概念模型和实证性研究思路。知识网络是一个复杂的时变动态系统，当前的方法在揭示知识发展的动态演变过程及洞察知识的创新领域与发展趋势上遇到困难。

本书基于引文与主题词形成的混合知识网络，通过复杂网络和群体动力学的方法，构建知识网络的演化过程与动力学模型，重点研究知识网络的生成机制和演化规律；分析知识网络演化中的动力学，探索研究热点的形成过程和创新趋势的涌现机理；寻找分析知

---

① Brookes B. C. The Foundations of Information Science (Part IV) [J]. *Journal of Information Science*, 1981(3): 3-12.

② 马费成. 论布鲁克斯情报学基本理论[J]. 情报学报, 1983, 2(4): 318-321.

③ 赵蓉英, 邱均平. 知识网络研究(I)——知识网络概念演进之探究[J]. 情报学报, 2007, 26(2): 198-209.

④ Borner K., Mane K. K. Mapping Topics and Topic Bursts in PNAS[J]. Proceedings of the *National Academy of Sciences of the United States of America*, 2004, 101(1): 5287-5290.

⑤ 马费成, 郝金星. 概念地图在知识表示和知识评价中的应用(I)——概念地图的基本内涵[J]. 中国图书馆学报, 2006, 32(3): 5-9.

⑥ Barabási A. L., Jeong H., Néda Z., Ravasz E., Schubert A., Vicsek T. Evolution of the Social Network of Scientific Collaborations [J]. *Physica A: Statistical Mechanics and its Applications*, 2002, 311: 590-614.

⑦ 席运江, 党延忠, 廖开际. 组织知识系统的知识超网络模型及应用[J]. 管理科学学报, 2009, 12(3): 12-21.

识研究热点、知识创新趋势和知识发展脉络的一般办法；基于知识网络研究人类的知识创造与知识学习行为，探讨促成这些行为的规则。本书的意义概括为以下两个方面：

(1)在理论上，研究知识网络的形成机制及演化规律可以展现知识单元的静态和动态分布，研究情报学和知识管理领域的基本定律；揭示科学体系的结构和内部关联，把握科学发展过程中知识创新和突破的涌现机制；揭示人类获取和吸收知识信息，生产新知识的行为和过程。

(2)在实践上，研究知识网络的形成机制及演化规律可以为有效应对情报危机、提高知识信息利用效率提供理论支持；为制定科技发展战略和有效的科技资助政策提供依据；为知识发展和创新趋势预测提供科学方法和相应的工具。

这些都是科学和知识发展与利用中的重要理论课题和实践课题，对人类有效管理知识、把握知识创新、促进科学发展具有重要的意义。

1.2 国内外研究现状

研究知识网络的拓扑结构及演化过程是厘清知识的发展脉络、探测和追踪创新领域及发展趋势的基础。然而目前此方面的研究却较少，即使有，也多是在统计物理学、复杂网络、动力系统等类期刊中零散的涉及，如 *Physical Review Letter*、*Physical Review E*、*Nature*、*Science*、*Physica A*、*Networks* 等，情报和知识管理学者对此方面的研究还是较少的。基于这样一种现状，本节对知识网络的结构及演化方面内容进行梳理和总结，分析当前研究中的不足，并提出后续的研究重点。

1.2.1 理论来源与发展思路

1.2.1.1 两种研究思路

物理史学和情报学家 Price 在 1965 年发表于 *Science*、情报学家

Brookes 在 1981 年发表于 *Journal of Information Science* 的著名文献①②反映和奠定了当前知识网络领域上的两种最主要研究思路。Price 的研究基于物理统计的方法，侧重于对实际知识网络的拓扑结构和演化特征进行客观描述与分析，其统计对象通常是实际存在的知识载体，例如文献、书刊等；而 Brookes 的认知地图构想则立足于认知的角度，他从关系索引中获得灵感，将知识对象的粒度由文献定位到更微观、更抽象的情报单元，以及由情报单元组成的情报空间，虽然他进行的实证研究也是利用引文数据，然而更重要的是指明了基于认知，对微观情报单元进行考察的研究方向。

立足点和研究对象的不同导致了上述差异，也带来了研究方法上的不同。上述两种工作思路各有所长，前者对于大规模网络的统计分析具有很好的优势，且因其研究对象的实在性和唯一性，也便于从客观的角度分析知识网络的演化过程；后一思路与人类的认知行为、使用语言和思想表达相关，虽然能更好地刻画人类的认知活动和过程，但是由于自然语言在语义上的含混性、多义性和交叉性，使得依此思路的知识网络结构与演化的研究困难较大。此后，在知识网络及相关问题上的研究也基本上延续了这些差别。

1.2.1.2　理论发展

Price 的研究思路立足于对知识网络的统计分析，避免了对自然语言的语义进行判断处理，只是关注网络的拓扑结构及生成过程，其研究对象具有客观性和可比性，目前在网络的结构及生成机制方面取得了一些成果。大多数统计物理学、力学、动力系统、系统工程背景的专家学者均采用这一研究思路。其中代表性的研究有以下几种：

1）表现知识的前承后接关系的引证网络③，这是最早提出的一

① Price D. J. Networks of Scientific Papers[J]. *Science*, 1965, 149: 510-515.

② Brookes B. C. The Foundations of Information Science (Part IV) [J]. *Journal of Information Science*, 1981(3): 3-12.

③ Price D. J. Networks of Scientific Papers[J]. *Science*, 1965, 149: 510-515.

种知识网络形态，它的主要研究对象是文献(学术文献、专利文献、网页信息等)，以及文献之间的引证、耦合(Coupling)和共现(Co-occurrence)关系等。

2)表现语言词汇互为诠释关系的词网络(Words Network)、共词网络(Co-words Network)①，这方面的研究起源于词典分析，知识对象的粒度较引证网络小，但是研究方法与引证网络的研究基本相似，不过由于自然语言词汇的多义性和含混性，词网络较引证网络就更复杂。

3)针对知识创造主体合作关系的合著网络(Co-author Network)②、合作网络③，合作关系隐含着知识在团体、组织之间的流动，把知识研究的对象扩展到了拥有知识的人、项目和组织，基本可以列入共现关系网络的类别。

4)针对多层次、多主体关联结构的知识超网络④、广义合作网络(Generalized Collaboration Network)⑤，前述几种网络的研究对象大致是单一的，而知识超网络、广义合作网络则将不同层次、不同类别的相关知识对象融合到一起，例如知识超网络即包含概念、文献、作者、组织等诸多方面关联内容。

Brookes的研究思路基于认知角度，希望结合人类的认知过程简洁明了地描述概念和主题的关系及发展脉络，与思维、语言等要素是结合在一起的。大多数情报学、心理学、教育学和管理学专家学者采用这一研究思路。代表性的研究有以下几种：

---

① 刘则渊，尹丽春．国际科学学主题共词网络的可视化研究[J]．情报学报，2006，25(5)：634-640.

② 晏尔伽，朱庆华．我国图书馆、情报与文献学领域作者合作现状——基于小世界理论的分析［J]．情报学报，2009，28（2）：274-282．

③ Barabási A. L.，Jeong H.，Néda Z.，Ravasz E.，Schubert A.，Vicsek T. Evolution of the Social Network of Scientific Collaborations[J]．*Physica A：Statistical Mechanics and its Applications*，2002，311：590-614.

④ 席运江，党延忠，廖开际．组织知识系统的知识超网络模型及应用[J]．管理科学学报，2009，12(3)：12-21.

⑤ Zhang P.，Chen K.，He Y.，et al. Model and Empirical Study on Some Collaboration Networks[J]．*Physica A*，2006，360：599-616.

1)针对语义、主题和概念关联的语义地图(Semantic Map)①、认知地图②。它们与词网络的表示有些相似，但是侧重于人类认知过程，基于知识学习、理解的知识网络构建，不是简单的词汇关联关系。

2)表现认知过程及思维发展的思维导图(Mind Map)③、概念地图④。它们起源于教育和心理的实践领域，和认知地图的意思是很相近的，但是偏重于人类思维发展过程。网络不仅包含知识单元，还包含组合规则、命题、等级、判断等要素，形成的是一个可直观理解的认知结构图。

3)侧重知识结构形态描述及知识可视化的知识地图(Knowledge Map)⑤和科学知识图谱⑥。早期的知识地图主要用于可视化描述知识的地理和组织分布、知识流动等，现阶段的科学知识图谱也注重于知识的形象化表示。

当然，上述分类也不能一概而论，它们之间包含大量相互交叉、相互渗透的内容，比如科学知识图谱、词网络即是介于两种思路之间的。按照当前的发展特征来说，方法上呈现综合化趋势，例如王晓光⑦的研究。由上可以看出：

1)Price 所开创的物理统计视角下的研究思路是自然科学的研

① Lambiotte, J., et al., Multirelational Semantic Maps[J]. *Educational Psychology Review*, 1989, 1(4): 331-366.

② Brookes B. C. The Foundations of Information Science (Part IV) [J]. *Journal of Information Science*, 1981(3): 3-12.

③ Buzan T., Buzan B. *The Mind Map*[M]. New York: Plume, 1996.

④ 马费成，郝金星．概念地图在知识表示和知识评价中的应用(I)——概念地图的基本内涵[J]．中国图书馆学报，2006，32(3)：5-9.

⑤ 赵蓉英，邱均平．知识网络研究(I)——知识网络概念演进之探究[J]．情报学报，2007，26(2)：198-209.

⑥ Borner K., Mane K. K. Mapping Topics and Topic Bursts in PNAS [C]. Proceedings of the National Academy of Sciences of the United States of America, 2004, 101(1): 5287-5290.

⑦ 王晓光．科学知识网络的形成与演化(Ⅱ)：共词网络可视化与增长动力学[J]．情报学报，2010，29(2)：314-322.

究方法，对知识网络的拓扑结构和演化机制的统计分析与模型研究目前也都取得了一些进展，本节也主要是对这个方面的研究成果进行综述。

2）Brookes 所提出的认知视角下的研究构想则略偏向于人文社会科学的研究方法，进行的多是定性分析，提出的也多为概念模型，创新的想法较多，然而一致的、客观可比的数量性研究成果却很少，关于知识网络拓扑结构及演化模型方面的研究也较少。

本节对于认知视角下的知识网络研究不作详细评述。关于这方面的知识网络理论综述和学术研究可以参考赵蓉英、马费成、王晓光等人的研究：其中赵蓉英等探讨了知识网络的相关概念的演进过程①②及其哲学发展规律③；马费成等的系列论文专门针对概念网络进行了评述④、分析⑤和实证⑥，研究了个人结构化知识图示的构建和应用；王晓光等的研究基于共词网络方法探讨了知识概念结构⑦，分析了科学知识体系的网络结构和知识单元的增长模式，从词汇维度定性解释了科学知识网络的形成与演化机理⑧。

---

① 赵蓉英，邱均平．知识网络研究（I）——知识网络概念演进之探究［J］．情报学报，2007，26(2)：198-209.

② 赵蓉英．知识网络研究（II）——知识网络的概念、内涵和特征［J］．情报学报，2007，26(3)：470-476.

③ 赵蓉英，张洋，邱均平．知识网络研究（III）——知识网络的特征探析［J］．情报学报，2007，26(4)：583-587.

④ 马费成，郝金星．概念地图在知识表示和知识评价中的应用（I）——概念地图的基本内涵［J］．中国图书馆学报，2006，32(3)：5-9.

⑤ 马费成，郝金星．概念地图在知识表示和知识评价中的应用（II）——概念地图作为知识评价的工具及其研究框架［J］．中国图书馆学报，2006，32(4)：22-27.

⑥ 马费成，郝金星．概念地图及其结构分析在知识评价中的应用（Ⅲ）：实证研究［J］．中国图书馆学报，2006，32 (5)：9-16.

⑦ 王晓光．科学知识网络的形成与演化（Ⅰ）：共词网络方法的提出［J］．情报学报，2009，28(4)：599-605.

⑧ 王晓光．科学知识网络的形成与演化（Ⅱ）：共词网络可视化与增长动力学［J］．情报学报，2010，29(2)：314-322.

1.2.2　知识网络结构

如前文所述，情报学领域对知识网络拓扑结构的研究早在20世纪50年代就已经开始，例如Garfield引证网络分析法的提出①，Price等人对引证网络连接度满足负幂分布的发现②等，然而之后却没有太大进展了。直到1998年动力系统专家Watts和Strogatz的小世界网络(Small-world Networks)③和1999年物理学家Barabási & Albert的无标度网络(Scale-free Networks)④的提出，对于各种类型实际复杂网络(Complex Networks)的验证性和应用性研究蓬勃兴起。当前对于知识网络的探讨也多是基于这一背景，所采用的方法也多是Price、Watts & Strogatz、Barabási & Albert所共同采用的物理统计和动力系统方法。

1.2.2.1　连接不均匀性与马太效应

知识网络中节点连接分布不均匀。Price较早开始了对引证网络(Citation Network)的研究，对引证网络中引证关系的较小规模统计分析，发现引证网络中论文被引次数，即知识节点入度(in degree)满足指数为2.5～3.0的幂率分布(power law distribution)⑤。Redner更大规模的统计分析也验证了这一结论的正确性，他通过统计ISI(*Institute for Scientific Information*)在1981—1997年的783 339篇文献及*Physical Review* D上的24 296篇文献，指出引证

---

① Garfield E. Citation Indexes for Science[J]. *Science*, 1955, 122: 108-111.

② Price D. J. Networks of Scientific Papers[J]. *Science*, 1965, 149: 510-515.

③ Watts D. J., Strogatz S. H. Collective Dynamics of "Small-world" Networks[J]. *Nature*, 1998, 393: 440-442.

④ Barabási A. L., Albert R. Emergence of Scaling in Random Networks[J]. *Science*, 1999, 286: 509-512.

⑤ Price D. J. Networks of Scientific Papers[J]. *Science*, 1965, 149: 510-515.

网络的入度具有指数约为 3 的幂率尾(power-law tail)①。此外，de Castro & Grossman②、Newman③、Broder④、Barabási⑤ 等对合著网络、共词网络、Web 信息网络的统计分析也发现了其中的幂率分布特征。而关于引证网络中的出度，Vazquez 对期刊文献的统计分析指出满足指数分布(exponent distribution)⑥。

虽然幂函数和指数函数两种类型分布具有截然不同的性质，然而它们所表现的"富者更富"(rich get richer)的特征是相同的；部分节点具有极高的连接度，而大量节点的连接度则很低，都体现了网络的极大不均匀性。早期情报学界将它们统一理解为马太效应(Matthew Effect)的影响，并不在幂率分布和指数分布作细致的区别。

1.2.2.2 小世界结构

知识网络中节点的关联性方面研究较重要的是其中的小世界特征⑦，即短平均路径长度和高聚类系数。Cancho 和 Sole 构造了英文词汇网络，统计发现网络的平均路径长度为 2.67，聚类系数为

---

① Redner S. How Popular is Your Paper? An Empirical Study of the Citation Distribution [J]. Eur. Phys. J. B., 1998, 4: 131-134.

② de Castro R., Grossman J. W. Famous Trails to Paul Erdōs [J], *Mathematical Intelligencer*, 1999, 21: 51-63.

③ Newman M. E. The Structure and Function of Complex Networks[J]. *Siam Review*, 2003, 45(2): 167-256.

④ Broder A., Kumar R., Maghoul F., Raghavan P., Rajagopalan S., Stata R., Tomkins A., Wiener J. Graph Structure in the Web [J], *Computer Networks*, 2000, 33: 309-320.

⑤ Barabási A. L., Jeong H., Néda Z., Ravasz E., Schubert A., Vicsek T. Evolution of the Social Network of Scientific Collaborations [J]. *Physica A: Statistical Mechanics and its Applications*, 2002.

⑥ Vazquez A. Statistics of Citation Networks [R]. Arxiv Preprint cond-mat/010503, 2001.

⑦ Milgram S. The Small World Problem[J]. *Psychology Today*, 1967, 5: 60-67.

0.437，具有小世界特征①。刘知远对汉语词汇网络也进行了分析，发现网络的平均路径长度介于 2.63 ~ 2.75，而聚类系数则在 0.535 ~ 0.619，同样具有小世界特征②。此外，Newman③，Ferrer-i-Cancho④ 等通过统计分析，发现引证网络、共词网络、合著网络均具有小世界特征。国内学者王晓光⑤、韦洛霞⑥、刘盛博⑦、林敏和李南等⑧也分别统计分析了网络信息交流(博客)网络、共词网络、合著网络和合作网络等，证实了中文网络中普遍存在的小世界结构。

鉴于小世界现象在情报学领域的普遍存在性，马费成将之归纳为情报空间的基本原理之一，并且指出知识小世界原理是情报相关性的具体表现，短特征路径长度和高聚类系数实现了大世界向小世界的转换，而 WS 模型不仅证实了信息相关性存在的普遍性，也找到了实现联系的一般方式⑨。

---

① Cancho R. F. I ，Sole R. V. Thc Small World of Human Language[C]. Proceedings of the Royal Society of London Series Biological Sciences，2001，268(1482)：2261-2265.

② 刘知远，郑亚斌，孙茂松．汉语依存句法网络的复杂网络性质[J]. 复杂系统与复杂性科学，2008，5(2)：1-9.

③ Newman M. E. The Structure and Function of Complex Networks[J]. *Siam Review*，2003，45(2)：167-256

④ Ferrer-i-Cancho R.，Sole R. V. The Small World of Human Language [C]. Proceedings of the Royal Society of London Series Biological Sciences，2003，268(1482)：2261-2265.

⑤ 王晓光．博客社区内的非正式交流：基于网络链接的实证分析 [J]. 情报学报，2009，28 (2)：248-256.

⑥ 韦洛霞，李勇，李伟，等．汉字网络的 3 度分隔与小世界效应 [J]. 科学通报，2004，49(24)：2615-2616.

⑦ 刘盛博．中国科技管理领域科技合作复杂网络分析[J]. 情报学报，2010，29(1)：177-183.

⑧ 林敏，李南，季旭，等．研发团队知识交流网络的小世界特性分析与证明 [J]. 情报学报，2010，29 (4) ：732-736.

⑨ 马费成．论情报学的基本原理及理论体系构建[J]. 情报学报，2007，26(1)：3-13.

关于小世界网络的应用性研究，徐升华和杨波运用基于多主体建模开发平台 Netlogo 构建了基于小世界网络的知识转移网络的仿真模型，指出在小世界网络的条件下，主体行为与组织知识转移的效率能达到较高的水平①。夏昊翔等提出一个综合网络演化和网络中知识传播的动态网络建模框架暨元模型，开发了一个计算机仿真实验平台原型，以辅助采用基于 Agent 建模范式的科研合作网络演化和知识传播研究②。

1.2.2.3 微观拓扑结构

随着复杂网络研究的进一步深化，更细致的网络微观结构特征也相继被人们提出来。Milo 和 Shen 等提出了复杂网络的基本组成单元——模体(Motif)③，指的是一组物理上或功能上连接在一起的、共同完成一个独立功能的节点，它描述的是网络的局部特征，是网络的基本模块，例如 WWW 上相似主题的网页或网站等。王晓光研究了期刊论文(主题词)共词网络的拓扑结构，发现网络内存在一个超大的主体区块，该区块内的任意节点之间都是相互可达的，而主体区块之外存在大量独立的小区块，他认为小区块形成的主要原因是文章作者在标引文章主题时使用了不规范的关键词，由此导致这些词汇没有与主区块建立联系④。杨洪勇和王福生统计了科研合作网络节点度和模体的连接度，指出二者均满足幂率分布⑤。

同时，人们又发现复杂网络往往具有自相似(Self-similarity)的结构，部分和整体具有很明显的相似性，如此一来，便可以把大规

---

① 徐升华，杨波．基于小世界网络模型的知识转移网络特性分析[J]．情报学报，2010，29(5)：915-919.

② 夏昊翔，王国秀，宣照国，等．针对科研合作网络演化建模的基于 Agent 实验平台原型[J]．情报学报，2010，29 (4)：634-640.

③ Milo R.，Shen-Orr S.，Itzkovitz S.，Kashtan N.，Chklovskii D.，Alon U. Network Motifs：Simple Building Blocks of Complex Networks [J]. *Science*，2002，298：824-827.

④ 王晓光．科学知识网络的形成与演化(Ⅱ)：共词网络可视化与增长动力学[J]．情报学报，2010，29(2)：314-322.

⑤ 杨洪勇，王福生．科研合作网络中的模体涌现模型 [J]．情报学报，2009，28 (4)：606-609.

模复杂网络研究化约到单一结构的模体研究上来。Song 等人的研究表明，许多实际网络，包括 WWW 网络、社会网络等，在某种长度-标度(Length-scale)下确实是自相似的①。此外，等级网络(Hierarchical Network)②、超家族(Superfamily)③、富人俱乐部(Rich Club)④等网络结构形态也分别从不同的视角在简化网络的结构研究。

还有一些较为零散的研究。Barabási 等对科学家合著网络的无标度特征进行分析，通过一个简单算法即时提取演化网络结构图，研究发现网络的内部联系在决定标度和网络拓扑中的重要作用⑤。Csárdi 提出了研究科学引文和合作网络的一种新方法，这种方法依赖于 KERNEL 和节点属性的标量功能，可随机增减顶点和边，可方便的用于理解演化网络的动态性⑥。杨玉兵和潘安成分析了强联系网络、重叠知识与知识转移的关系后，论证了强联系网络可以通过其内部的重叠知识对组织知识转移产生影响作用⑦。席运江和党延忠在个人知识存量结构分析的基础上，提出了个人知识存量的加权知识超网络模型，分析了多对象、主体的知识网络结构及模型，

---

① Song C., Havlin S., Makse H. A. Self-similarity of Complex Networks [J]. *Nature*, 2005, 433: 392-395.

② Ravasz E., Somera A. L., Mongru D. A., Oltvai, Z., Barabási A. L. Hierarchical Organization of Modularity in Metabolic Networks[J]. *Science*, 2002, 297: 1551-1555.

③ Milo R., Itzkovitz S., Kashtan N., et al. Superfamilies of Evolved and Designed Networks[J]. *Science*, 2004, 303: 1538-1542.

④ Zhou S., Mondragon R. J. The Rich-club Phenomenon in the Internet Topology[J]. IEEE *Communication Letters*, 2004, 8(3): 180-182.

⑤ Barabási A. L., Jeong H., Néda Z., Ravasz E., Schubert A., Vicsek T. Evolution of the Social Network of Scientific Collaborations [J]. *Physica A: Statistical Mechanics and its Applications*, 2002.

⑥ Csárdi G., Strandburg K., Zalányi L., Tobochnik J. Péterérdi. Estimating the Dynamics of Kernel-based Evolving Networks[J]. *Unifying Themes in Complex Systems*, 2010.

⑦ 杨玉兵，潘安成．强联系网络、重叠知识与知识转移关系研究[J]．科学学研究，2009，27(1)：25-29.

并对知识点的获取和度量方法进行了探讨①。于洋等针对目前只根据专家经验定性判断知识传播趋势的不足，进一步提出了一种利用超网络模型分析知识传播趋势的定量方法②。

1.2.3 知识网络演化

1.2.3.1 不均匀连接度的生成机制

较早的研究是宽泛地针对马太效应作用机理的。Simon 构造了针对词频分布、期刊分布、作者分布形成过程的 Beta 分布模型，此分布模型的极限形式为负幂函数③；然后，针对引证网络的连接度，Price 借助 Polya 模型构建了知识增长的积累优势(Cumulative Advantage，CA)过程模型④，模型的极限形式也是负幂函数。

幂率分布也称为无标度分布，Barabási 和 Albert 构建了无标度网络的演化模型(BA 模型)，揭示了网络无标度特征形成的内在机理⑤，此构造算法在平稳增长网络中引入择优连接机制，即可生成指数为 3 的无标度网络。而如果将择优连接过程改为随机选择节点进行连接，则可以生成连接度为指数分布的网络。Newman 比较了 CA 模型和 BA 模型，认为后者是前者的抽象和一般化，择优连接机制和累积优势过程本质意义上是一致的⑥。

BA 模型及其改进模型一定程度上揭示了知识网络不均匀结构的形成机理，然而，不管是 Simon 模型、CA 模型，还是 BA 模型，

---

① 席运江，党延忠，廖开际．组织知识系统的知识超网络模型及应用[J]．管理科学学报，2009，12(3)：12-21.

② 于洋，党延忠，吴江宁，邓秋红．基于超网络的知识传播趋势分析[J]．情报学报，2010，29(2)：356-361.

③ Simon H. A. On a Class of Skew Distribution Functions[J]. *Biometrics*, 1955, 42: 425-440.

④ Price D. J. A General Theory of Bibliometric and Other Cumulative Advantage Processes[J]. *J. Amer. Soc. Inform. Sci.*, 1976, 27: 292-306.

⑤ Barabási A. L, Albert R. Emergence of Scaling in Random Networks[J]. *Science*, 1999, 286: 509-512.

⑥ Newman M. E. The Structure and Function of Complex Networks [J]. *Siam. Review*, 2003, 45(2): 167-256.

与实际知识网络仍然存在很大的不同，例如它们都一致地忽略了知识节点本身的一些属性对择优连接过程的影响。一般认为，科研论文的质量以及 Web 站点的内容都会影响引证和链接，针对这个问题，Bianconi 和 Barabási 提出了适应度模型，择优连接与节点 i 的连接数 k_i 与适应度 η_i 之积成正比：$\prod_i = k_i\eta_i / \sum_j k_j\eta_j$，适应度模型的度分布与适应度 η_i 的分布是相关的，然而表现出的马太效应作用却是基本一样的①。

1.2.3.2 小世界结构的演化机理

小世界结构说明了知识网络中知识元素之间普遍的相关性和快捷的联动性，那么这种结构又是如何形成的呢？这种结构形成的机理是什么？对于小世界网络的生成机理，Watts 和 Strogatz 提出了小世界网络的构建算法②，即 WS 模型。模型通过往最近邻耦合网络中随机加边，由此而形成高聚类、短特征路径长度的小世界网络。

WS 模型通过在规则网络中进行断链和随机重连而生成小世界网络，这一模型体现了实际网络连接关系的随机性和规则性并存，反映规则网络、随机网络和小世界网络之间的过渡关系。然而 WS 模型构造算法中的断链随机重连过程可能会破坏网络的连通性，针对这个问题，Newman 和 Watts 又提出了小世界网络的改进构造算法（NW 模型），以随机加边过程取代随机重连过程以确保网络的连通性，即在构造算法的第一步仅往网络中添加新边，而不需要将以往的连接断开③。此后，人们还提出了小世界模型的一些其他变形④。值得一提的是，Barabási 和 Albert 构造的无标度网络也具有短特征路径长度的特征，然而这一网络的聚类系数却很小，与随机

① Bianconi G.，Barabási A. L.，Bose-Einstein Condensation in Complex Networks[J]. *Phys. Rev. Lett*，2001，86：5632-5635.

② Watts D. J.，Strogatz S. H. Collective Dynamics of "Small-World" Networks[J]. *Nature*，1998，393：440-442.

③ Newman M. E.，Watts D. J. Renormalization Group Analysis of the Small-World Network Model[J]. *Phys. Rev. Lett.*，1999，263：341-346.

④ Newman M. E. The Structure and Function of Complex Networks [J]. *Siam. Review*，2003，45(2)：167-256.

网络近似相等①。

上述小世界网络构造模型与知识网络的演化过程均存在很大的差异，主要可以归纳为以下三点：

1)知识网络是一个动态增长的网络，不管是引证网络、词网络，还是共现网络，知识节点和知识连接都在增长。而上述小世界网络构造模型均是起始于一个既定知识节点的规则网络，没有考虑节点的增长；即使是重视边增长的共现网络，也需考虑节点增长的情况，既定规模的初始网络模式不符合知识网络的实际特征。

2)知识网络中边的连接一般立足于确定的知识基础和学科领域，人们创造的新知识节点通常会连接特定领域范围内的旧知识节点，而并不是如 WS 模型、NW 模型中的简单的随机连接。

3)知识网络的高聚类系数特征是在演化过程中形成的，而不是如 WS 模型、NW 模型中那样一开始便确定了的。

1.2.3.3 演化模型

考虑知识节点连接数的增长特征，BA 模型是连接数为常数的平稳增长模型，而引文网络的连接数(即参考文献数量)是非平稳增长的。Biglu 对 SCIE 上近 40 年的抽样数据统计表明，篇均参考文献数量由 1970 年的 8.4 篇上升到 2005 年的 34.63 篇，拟合曲线近似线性增长②。而 Krapivsky 和 Redner 对《物理评论》在 110 年里发表的文章的统计发现，每篇文章引用的参考文献数目随文章发表时间呈对数增长③。对于这一类问题，Dorogovtsev 提出了幂率增长(Power law growth)模型④，Shi 和 Chen 等提出了对数增长

① Barabási A. L., Albert R. Emergence of Scaling in Random Networks [J]. *Science*, 1999, 286: 509-512.

② Biglu M. H. The Influence of References PerPaper in the SCI to Impact Factors and the Matthew Effect[J]. *Scientometrics*, 2008, 74(3): 453-470.

③ Krapivsky P. L., Redner S. Network Growth by Copying[J]. *Physical Review*, 2005, 71: 36-118.

④ Dorogovtsev S. N., Mendes J. F. Effect of the Accelerating Growth of Communications Networks on Their Structure[J]. *Phys. Rev. E*, 2001, 63: 25-101.

(Logarithmic growth)模型①，数理分析与实验仿真发现均生成满足某一非平稳指数的无标度网络。

知识网络一般具有高聚类性，具有局域演化的特征。这是由于专家学者一般工作于特定的研究领域，故而引证过程一般是针对特定领域的引证。针对此类问题，Li 和 Chen 提出了基于局域世界的演化网络模型，此模型的择优过程并不针对网络全局，而是基于随机选取的局域世界，仿真结果显示，随着局域世界的扩大，网络连接度分布由指数分布向幂率分布过度。作者指出这一模型对于解释国际贸易中的区域性贸易组织和互联网中的局域网连接是有效的②。实际上，这一模型也可以推广到知识网络的研究中来。

此外，还有一些与知识网络相关的演化模型被提了出来。比如 Albert 和 Barabási 提出的组合演化模型③，Dorogovtsev 等人提出的原始吸引模型④，Liu 等人提出的随机和择优混合模型⑤等，更详尽的内容可以参考 Boccaletti 和 Latora 等的综述文章⑥，以及汪小帆、李翔和陈关荣的著作⑦。

---

① Shi D. H., Chen Q. H., Liu L. M. Markov Chain-based Numerical Method for Degree Distribution of Growing Networks[J]. *Phys. Rev. E*, 2005, 71: 36-140.

② Li X., Chen G. A Local World Evolving Network Model[J]. *Physica A*, 2003, 328: 274-286.

③ Albert R., Barabási A. L. Topology of Evolving Networks: Local Events and Universality[J]. *Phys. Rev. Lett.*, 2000, 85: 5234-5237.

④ Dorogovtsev S. N., Mendes J. F., Samukhin A. N. Structure of Growing Networks with Preferential Linking[J]. *Phys. Rev. Lett.*, 2000, 85: 4633-4636.

⑤ Liu Z. H., et al. Connective Distribution and Attack Tolerance of General Networks with Both Preferential and Random Attachments[J]. *Physics Letters A*, 2002, 303: 337-344.

⑥ Boccaletti S., Latora V., Moreno Chavez M., Hwang D. U. Complex Networks: Structure and Dynamics[J]. *Physics Reports*, 2006, 424: 175-308.

⑦ 汪小帆，李翔，陈关荣. 复杂网络理论及其应用［M］. 北京：清华大学出版社，2006.

1.2.4 研究评论

对于当前知识网络的结构与演化的研究，细节上的问题在前文中多已作出评述，这里不再赘述。以下从方法和内容两个方面，对此领域国内外的研究作出评论，重点指出研究中的不足之处：

(1)知识网络的研究方法

目前情报学领域专家学者对知识网络的研究更多还是基于Brookes所提出的认知视角，多是描述性、实证性的研究；而关于知识网络的拓扑结构和演化模型的研究，则多是物理、动力系统领域学者进行复杂网络研究过程中提出来或涉及。从上述综述中可以看到，基于物理统计和动力系统的方法所取得的成果也是很大的，我们有必要充分重视研究方法上的吸收和改进。

(2)知识网络的生成机制

知识网络的生成机制研究关注于形成知识网络的关键因素以及要素之间的相互关系。对于这些内在性因素与作用机制的考察，是分析知识发展脉络的基础，是研究知识创新趋势形成过程的基础；对知识网络结构及生成机制的探讨也是将外在结构与内在作用机理联系起来的纽带，从而形成表里互相诠释的作用。

(3)知识网络的演化过程及演化模型

目前针对知识网络的研究更多的关注于知识网络结构的可视化形态和相互关系的描述上，对于知识发展的动态过程和演化机理的研究过少。网络生成过程和演化机理是进行知识可视化的基础，对此方面的研究较少。演化过程既反映知识网络的时序结构变迁，又体现知识和概念的内在含义流变，演化模型是知识网络内在作用模式及作用过程的抽象表达。对演化过程的探讨是分析知识网络结构的基础，是探讨知识热点形成及创新趋势形成的基础。

(4)知识演化网络中研究热点和创新趋势的形成过程

对于知识创新趋势，当前主要是通过基于时序词频统计和聚类分析的办法，得到知识的研究热点和发展重点，然而这只是一种事后的方法，其实质只是得到过去的发展动态，带有显著的时滞效应，很难用它来预测知识的创新与发展趋势。因为事物在其初创期或发展初期，往往并不表现出明显的数量上的优势，通过量的统计办法是难以觉察知识的创新与发展趋势的。为了克服这一问题，人们又想到通过词频的即时变化率来进行分析，华裔美国学者陈超美基于这种想法开发了 Citespace 知识可视化工具①，然而这也受到知识领域发展规模等因素的影响。知识热点和创新趋势体现了知识创造主体的一致行为，这一过程促成了知识创造者的协同工作，也增加了知识创造的盲目性和狭隘性。对知识发展热点的形成过程进行研究，是开展科学研究、指导知识生产的重要依据，这是知识管理、情报学领域长久以来的一个核心问题。

知识网络是研究知识关联关系、探索知识发展脉络、追踪知识创新趋势的有效途径，而对知识网络结构及演化规律的研究则是这一问题的根本。当前关于知识网络结构及演化模型等方面的研究只是零散地分布在物理、动力系统、复杂网络等领域专家学者的研究成果之中，本节归纳总结了这一方面的成果，希望其中好的方法、研究思路能为情报学、知识管理领域专家学者所掌握和使用。

1.3 内容与结构

研究知识网络的形成、演化与动力，主要实现以下目标：分析知识网络的拓扑结构，发现促成知识网络结构形成的内在作用机制；分析知识网络演化的模型，从过程的角度揭示知识网络演化的规律，构建演化模型；分析知识网络中的动力学，探测知识网络中研究热点和前沿的涌现、揭示知识发展趋势形成的过程及机理；研究知识网络中的人类行为规则，探寻知识网络演化的内在动力。对应前述研究目标，主要从知识网络的结构，演化模型、动力学、算法设计和实证分析五个方面展开研究，以下分别进行说明：

(1)知识网络的结构及生成研究

① Chen C. Visualising Semantic Spaces and Author Co-citation Networks in Digital Libraries [J]. *Information Processing & Management*, 1999, 35 (3): 401-420.

针对单一学科知识网络的结构、多学科知识网络的结构，进行网络特征的统计分析，包括度分布、聚类系数、特征路径长度、自相似形态等，并进一步研究知识网络中的社区结构、层次结构；结合演化模型及知识网络生成机制研究部分，探讨知识发展脉络形成的关键特征，研究发现知识发展脉络的一般办法。

知识网络的结构形态是随时间动态变化的，一方面结合知识网络结构，研究促成变化的关键因素，探讨各种结构之间的相互联系及变化的过程和模型；另一方面，从知识产生、传播、转化到老化全生命周期的角度，分析知识网络发展变化的过程。

(2)知识网络的增长与老化研究

网络形成机制研究主要从增长和连接两个方面展开：知识网络的增长模型，考虑节点不同增长模式(知识节点累积量线性、指数、logistic 函数、阶跃函数增长)下的演化模型，边不同增长模式(出度线性、对数增长)下的演化模型，分析不同节点、边增长对知识网络结构的影响；知识网络的连接机制，考虑单纯入度驱动的知识网络演化特征、单纯时间优先机制驱动的知识网络演化特征。

(3)知识网络中热点与趋势的涌现

知识演化网络中研究热点的形成过程，基于动力系统的方法，通过构建知识类群来分析热点的形成过程，探索知识类群的同步过程；知识网络中知识发展趋势的涌现，基于引文/主题词混合网络的动力系统分析，以引文网络构造网络结构及知识类群之间关系，通过知识类群的主题词向量的变迁来分析知识的创新趋势。

(4)知识网络中知识创造者的迁移分布

研究知识创造者知识创造活动的统计规律和形成过程。以关键词、参考文献等作为知识创造者的知识创造行为的足迹，分析知识创造过程在空间上的广度、时间上的长度分布，进而探讨知识创造活动的规律和过程。

(5)知识网络热点与趋势分析算法

知识网络结构分析算法设计，针对题录数据的输入，进行知识社团聚类、知识节点簇关系评价、知识网络拓扑特征统计、知识网络可视化分析等；知识网络热点分析算法，基于结构分析算法的输

出结果，进行知识节点簇内的热点分析，评价知识热点的强度和规模；知识发展趋势的预测算法，分析知识节点簇之间的关系，知识簇的主题词向量的发展动态和演化趋势。

(6)知识演化网络的实证研究

针对上述生成模型、演化模型、群体动力学模型，以及迁移分布进行实证研究，实证在引文网络与词网络相结合的基础上进行。引文网络可以反映新旧知识的前后传承关系，采用引文网络对知识网络的演化模型进行实证分析；引文/主题词混合网络由引文网络形成网络架构，主题词(关键词)则形成其中知识节点的属性内容，采用引文/主题词混合网络对知识网络的动力学(热点、趋势形成)模型进行实证分析。计划进行以下数据的实证：

以SCI题录数据为基础，考察科学研究的发展热点与趋势，针对科技创新趋势的涌现模型和算法进行仿真和实验，结合实证结果对模型和算法中各变量与参数进行设置，寻找一些普适的参变量以及通用的参数设置方法。

1.4　方法与技术路线

1.4.1　研究方法

知识网络的演化与动力是一个交叉学科研究领域，涉及知识管理、物理统计学、动力系统理论、拓扑学、复杂性科学等多个领域，以下列出几个主要研究方法：

(1)复杂网络方法

重点基于复杂网络研究方法中演化网络、动态网络、合作网络几个分支，应用到知识网络的分析中。借助演化网络的方法分析知识网络的生成过程、增长/老化/演化过程；借助动态网络的方法分析知识热点、创新趋势的形成过程；借助广义合作网络探讨知识网络演化中的主题概念变迁。

(2)动力系统方法

分析大规模关联网络，需要借助于动力系统的方法，本课题应用此方法分析知识演化过程中热点形成、趋势形成的过程模型。知识的发展和演化体现了人群的集体行为、集体趋势，可以借助动力系统中的耦合映像格子(Coupled Map Lattices，CML)的相关理论分析热点及创新趋势的形成过程。

(3)统计方法

截至目前，多数的复杂网络方面的研究是物理统计学领域专家学者作出的，物理统计的方法也作为知识网络研究的最重要研究方法之一，主要用于分析大规模知识网络的一些主要拓扑特征。例如，对于真实知识网络的度分布、路径长度计算、聚类系数计算，及相关数量的物理分析，均需要借助物理统计学的相关基础理论。

(4)拓扑学方法

应用拓扑学相关理论对知识网络进行结构研究，采用拓扑学中关键特征描述指标评价知识网络的拓扑特征。主要基于随机图论、网络拓扑的相关分析方法对知识网络的结构进行的讨论。

(5)模拟仿真与可视化方法

针对知识演化模型、算法进行 MATLAB 编程、JAVA 编程和仿真实验，通过与实证结果进行比较验证模型的有效性。具体而言，采用 MATLAB 编程，实现知识网络演化模型的各种仿真算法，目前此方面的程序已经开发一些，某些可视化算法也可以采用 MATLAB 直接实现；采用 JAVA 编程，实现知识演化网络的可视化，包括借助一些网络开源代码，例如 NBW 等构建简便的知识收集、分析数据库。

1.4.2 技术路线

本书遵循下述逻辑思路，研究方案主要分为四个阶段，分别是理论调研与数据统计、机理及模型研究、算法设计和实证研究阶段，其中后三个阶段是本课题的核心内容，对于四个部分之间的关系，如图 1-1 所示。

(1)理论调研与数据统计阶段

对国内外相关领域的主要研究现状进行梳理。重点以“知识网络”(Knowledge Network)、“引文网络”(Citation Network)、“共现

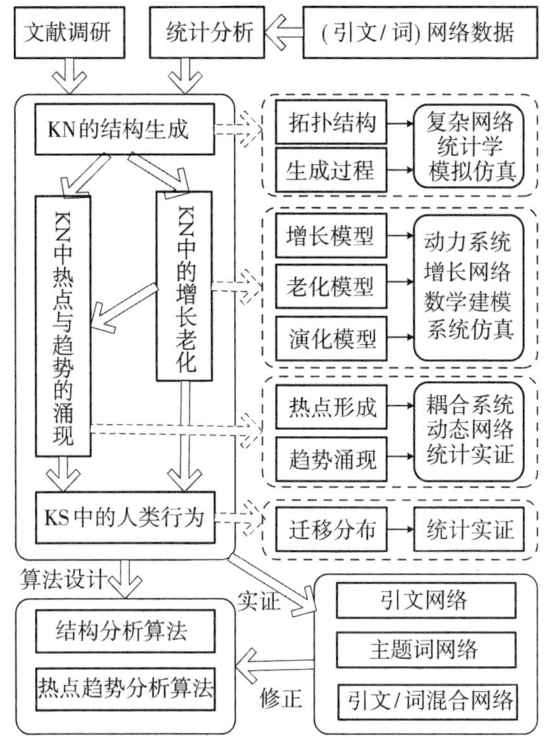

图 1-1 技术路线图

网络"(Co-occurrence Network)、"共词网络"(Co-word Network)、"合著网络"(Co-author Network)、"知识传播"(Knowledge Spread)、"知识转移"(Knowledge Transfer)、"演化网络"(Evolution Network)、"动态网络"(Dynamic Network)、"趋势探测"(Trends Detecting)、"动力系统"(Dynamics System)、"知识社团"(Knowledge Group)等关键词进行国内外的文献梳理。

已经收集了 SCIE 数据库题录信息"Complex Networks"(复杂网络)领域记录 24 000 余条、"CELL"(细胞)领域题录信息 19 000 余条，通过编程实现了引文网络矩阵构建、共词网络矩阵构建、词频统计等基本程序。

(2)机理及模型研究阶段

知识网络结构分析。针对数据统计阶段获得的知识网络数据进行分析，重点对网络中的关键指标进行探讨，比如聚类分析(Clustering Analysis)、度分布(Degree Distribution)、平均路径长度(Ave. Path Length)等基本统计分析。基于此分析知识网络的基本组成单元模体(Motif)、知识社团、富人俱乐部(Rich Club)、等级(Hierarchical)层次、自相似(Self-similarity)等形态，以找到知识网络的独特结构特征。

知识网络生成机理及演化模型研究。参照BA网络生成机制，从增长(Growth)和连接(Attachment)两个步骤构建知识网络。由知识具有线性、指数、logistic函数、阶跃函数等多种增长模式，本课题考虑不同的节点增长动态对知识网络拓扑结构的影响，以泛增长函数 $g(m_0, t)$ 分析一般增长模式条件下的网络生成过程，增长的动力方程为 $\frac{\partial k_i}{\partial t} = mg(m_0,t)\frac{k_i}{\sum_j k_j}$，再由 i 为 t 上的分布函数 $P(i) = G(m_0, i)/G(m_0, t)$ 分析不同增长模式下的网络拓扑结构。新知识是立足于多个旧知识基础产生的，且通过对期刊参考文献的统计发现，参考文献数量是逐年上升的，所以本课题考虑知识节点的出度也是动态变化的 $e(m, t)$，这里主要考虑线性增长和对数增长两种模式下的网络结构变化。对于连接机制，也有更多的影响因素，例如时间效应的影响，这可以通过优先连接的概率模型进行分析，动力方程为 $\frac{\partial k_i}{\partial t} = m\left(p\frac{k_i}{\sum_j k_j} + q\frac{t_i^{\alpha}}{\sum_l t_l^{\alpha}}\right)$。最后，通过结构和机理分析，考虑统一多增长模式(节点、边增长)、多因素影响(时间因素、连接因素)的知识网络演化模型。

知识网络演化的动力学。引入引文/主题词混合网络概念，基于引文构建知识网络，以知识节点簇之间的连线确定簇之间的相关性，以知识节点簇的关键词(主题词)向量定义知识的发展动向，则有发展趋势方程为 $\dot{f}(\theta_i) = f(\theta_i) + \sigma\sum\alpha_{ij}H(\theta_j)$；对于知识发展的热点，认为在知识类群达到同步的状态，即形成知识热点。

(3)算法设计阶段

采用JAVA编程，实现以下三个算法：知识网络结构分析算法、知识网络热点分析算法、知识发展趋势的预测算法。知识网络结构分析算法是后续两个算法的基础，其输出结果是后续两个算法的输入数据。

(4)实证研究阶段

针对演化模型进行仿真实验，同时，比较仿真结果与实际统计结果，验证知识网络生成模型、知识网络演化模型、知识网络动力学模型的有效性。通过MATLAB编程实现知识网络演化与动力学模型，采用JAVA程序设计实现知识题录数据的分析；而后，采用引文网络、共现网络验证知识网络的结构模型，采用引文网络的实证检验增长、老化的演化模型的有效性，采用引文/主题词混合网络实证验证动力学模型的有效性。

1.5 创新点

知识网络的演化与动力研究的特色在于：有别于以往知识发展脉络和知识发展趋势的描述、实证性方法，也有别于通过文献统计建立的知识增长老化模型对知识演化的间接描述。本研究采用动力系统分析知识演化过程及其内在的作用机理，在揭示内在作用机制和演化规律基础上建立模型。本书的主要创新如下：

1)通过对知识的结构及其生成过程的研究，揭示了知识网络演化过程中时间的作用机制和人类视域受限条件下的网络演化规律，指出时间机制平抑了知识生成与利用过程中马太效应的负面影响，以及人类知识生产过程中的邻域择优形成了知识网络同时兼具无标度和小世界结构的特征。

2)通过对(节点和边)非平衡态增长模式下知识网络的结构特征的分析，发现知识节点的加速增长使得知识网络具有更分散的连接度，而减速增长则使得知识节点的连接度趋向均匀，由此推断加速增长形成网络的层次性和结构性。此外，整个知识群体的发展形势也很大地影响其中知识节点的老化进程，在知识群体上升期产生的知识节点的历时连接数是上升的，而在衰退期产生的知识节点的历时连接数是下降的。

3)基于群体动力学的方法，探讨了知识网络中知识热点与趋势的涌现过程与规律。通过构建动态的关联知识网络，以系统化的视角研究了知识类群在相互作用、相互影响过程中热点和趋势的形成过程，并且设计了热点和创新趋势探测的算法，与传统预测办法的比较证明了群体动力学方法的优越性。

4)通过分析高产者、低产者和创造者全体在连续知识创造活动中的时间间隔和空间迁移。研究发现高产者的创造活动的时间间隔满足重尾分布，具有阵发特征；低产者的时间间隔分布近似指数函数，随机性和偶然性稍强一些；知识创造者连续创造活动的空间迁移也满足重尾特征，密集的局限于某一领域进行知识创造，然而常常也会进行一些长距离的知识领域探索。

1.6 研究的难点

(1)知识网络的生成机制

考察形成知识网络特定拓扑结构的关键因素以及要素之间的相互关系。对于这些内在性因素与作用机制的研究，是分析知识发展脉络的基础，是研究知识创新趋势形成过程的基础。对知识网络结构及生成机制的探讨也是将外在结构与内在作用机理联系起来的纽带，从而形成表里互相诠释的作用。

(2)知识网络的演化过程及演化模型

演化过程既反映知识网络的时序结构变迁，又体现知识和概念的内在含义流变，演化模型是知识网络内在作用模式及作用过程的抽象表达。对演化过程的探讨是分析知识网络结构的基础，是探讨知识热点形成及创新趋势形成的基础。知识类群之间在纵向和横向上的联系可能都是非线性关系，如何确定这些非线性关系的确切形式，是当前面临的一个问题。

（3）知识空间中知识创造者的迁移分布

从网络拓扑结构和演化特征之中寻找人类行为规则，探讨知识网络中知识创造者的迁移分布以及知识学习者的迁移分布，这是本书的一个难点。

第2章 基础理论与方法

2.1 知识网络

2.1.1 基本概念

知识网络目前还没有明确的定义，它是一个集合概念，指的是与知识、信息及知识间联系有关的一类网络。在知识网络中，节点(Vertex)一般代表知识单元的存储单位，根据考察粒度的不同，可以取为书刊、论文、专利、情报片段或词等；边(Edge)即表示知识单元之间的连接关系，在引证网络、词网络中即是引证关系，在共现网络(共词、合著、合作等)中即是共现关系。

往知识网络中添加新节点且与网络中已存节点进行连接即可描述为新知识的产生和对旧知识的继承。引证网络中知识节点的加入与连接具有时间上的先后次序关系，故引证网络是无环(Acyclic)的有向网络(Directed Networks)；而Web信息网络中网页信息由于可以反复更新和相互链接，所以多数是有环的，如图2-1所示。

如果不考虑节点之间的连接边的方向性，则是无向网络(Undirected Network)；如果给每条边都赋予相应的权值，那么该网络就称为加权网络(Weighted Network)；而如果节点包含状态属性，并且节点的状态和网络都是动态演化的，那么就形成动态网络(Dynamical Network)，如图2-2(右)所示，其中小箭头表示节点的方向属性。目前针对知识网络的研究更多是基于无向网络，较少考虑网络中边的方向性和加权特征，应用动态网络来进行知识网络研

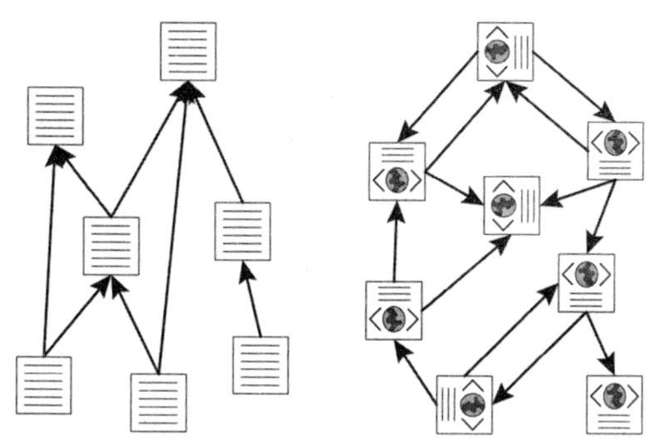

图 2-1　Web 知识网络的节点连接图

究就更少。然而有向网、加权网和动态网能更贴近知识网络的发展实际，对这几个方面的研究也需要进一步加强。

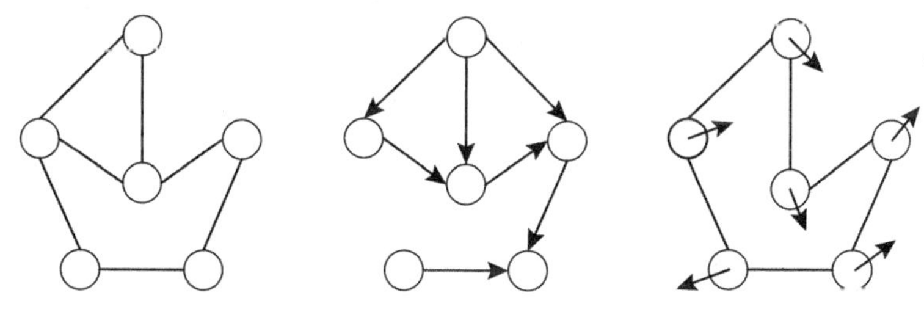

图 2-2　知识网络图

2.1.2　网络的集合论定义

网络 $G=[N, L, f]$ 是一个 3 元组，由一组节点 N、一组链路 L 和一个映射函数 f：$L \rightarrow N \times N$（它将链路映射为节点对）组成。网络 $G(t)=[N(t), L(t), f(t)]$ 是一个由一组随时间变化的节点 $N(t)$ 、一组随时间变化的链路 $N(t)$ 和一组随时间变化的函数 $f(t)$ 构成的三元组。从这个角度来说，网络是一个动态图，即动态网络。

N 是个体集合，L 是定义个体间的某种关系的集合。网络中 N 标示顶点、点、节点或代理，而 L 标示边、链路或者 N 个元素之间的连接。从而有：

$N = [v_1, v_2, \cdots, v_n]$ 为节点，$n = |N|$ 为在 N 中的节点数量；

$N = [v_1, v_2, \cdots, v_n]$ 为链路，$m = |L|$ 为在 L 中的链路数量；

f: $L \to N \times N$ 将链路映射到节点对。

2.1.3 网络的矩阵代数定义

集合论对于定理证明和严格定义网络的属性特别有效，但是矩阵表示对于网络分析更加有效。在很多情况下，矩阵表示是计算网络属性的最简洁和最有效的方法。以下简单介绍几种基本形式的矩阵表示。

(1)连接矩阵 $C(G)$

属于 $N \times N$ 的所有节点的所有链接 $v_i \sim v_j$ 的集合 f 定义 G 的拓扑图，如果 $v_i \sim v_j$，$c_{ij} = k$；否则，$c_{ij} = 0$；其中 k 为连接 $v_i \sim v_j$ 的链路数。

(2)邻接矩阵 $A(G)$

邻接矩阵是连接矩阵的修改版本，忽略了网络中的重复链路。当我们忽略节点之间的重复链路，仅考虑网络的连通性时，邻接矩阵用来代替连接矩阵。

(3)Laplace 矩阵 $L(G)$

Laplace 矩阵 $L(G)$ 是连接矩阵 $C(G)$ 和(对角)度矩阵 $D(G)$ 的组合，即 $L = C - D$，其中 D 是一个具有零非对角元素并且对角元素 d_{ii} 等于节点 v_i 的度的一致性矩阵。

2.1.4 三种典型知识网络

当前大多数学者基于以下三种方式构建和分析知识网络，这里介绍各自的含义，并且简单分析它们之间的差异，如图 2-3 所示。

(1)直接引证(Direct Citation，DC)网络

DC 是经由文献的引证参考关系构建的网络，由于引证关系是单向唯一的，所以直接引证网络是单向无权网络。由于直接引证关

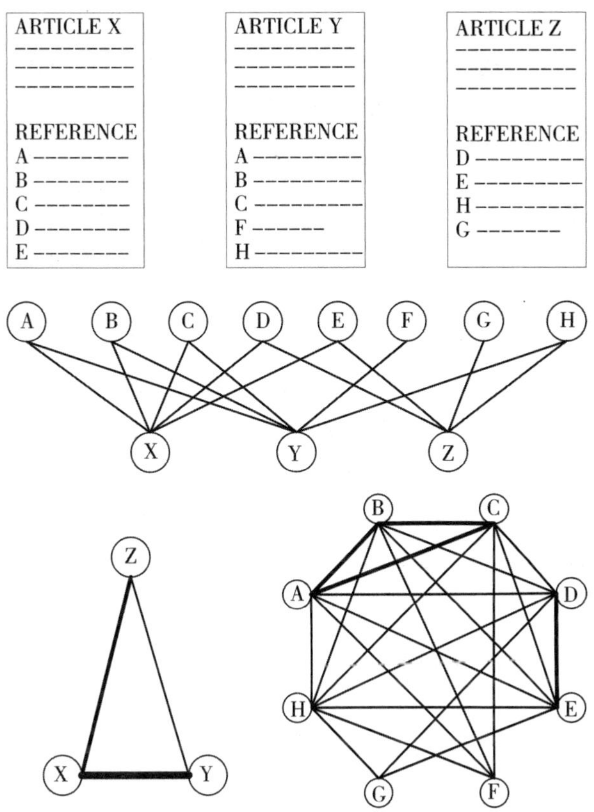

图 2-3　三种典型知识网络的构造

注：由文献 X、Y、Z 构建的知识网络，分别为直接引证网络(中)、耦合网络(下左)、共现网络(下右)，其中耦合网络和共现网络为加权网络。

系体现知识的连接与传承，很多学者借此来研究知识发展的历史、脉络。

(2)文献耦合(Bibliographic Coupling，BC)网络

BC 是通过比较两篇不同文献的参考文献相似度来确定这两篇文献的连接强度，故而耦合网络是无向加权网络。参考文献体现文档的理论基础与理论来源，所以耦合网络则通过边权描述文献之间的共同理论来源程度。

(3)共现(同被引、共词、合著)(Co-cited，Co-occurrence)

网络

CC是通过两篇文献在其他文献中的同时出现次数构造这两篇文献的相关性程度，所以共现网络也是无向加权网络。而共现关系可以通过同时被引证、词语同时出现、作者合作完成等方式得到。

直接引证网络是最简单和常见的一种，它直观体现了文献之间的传承关系；耦合网络则是通过两篇文献的相似性要素来构造的，然后通过参考文献的相似性程度来获得，则既体现传承关系，又包含相似性程度，一些学者的研究也证实耦合网络所体现的文献关系在准确性方面优于其他两种网络①；共现网络则是通过第三者来确定两篇不同文献之间的关系，随着第三者的改变，这两篇文献之间的关系也在改变，所以是动态的，在这个方面它是不同于前两种静态关系的。不过，由于共现关系是第三者确定的，而第三者是后来出现的，这使得共现网络具有一定的时间滞后性。

2.2 拓扑结构

2.2.1 统计拓扑特征

网络拓扑结构的描述量主要包含聚类系数、平均最短路径长度和连接度。在本节中，主要也由这样几个指标衡量网络的拓扑结构特征。

(1)平均最短路径长度(Average Shortest Path Length)

也称为特征路径长度，指网络任意两个节点之间最短路径的平均值：

$$AveLength = \frac{1}{N(N+1)/2}\sum_{i \geqslant j} d_{ij} \tag{2-1}$$

---

① Boyack K. W., Klavans R. Co-Citation Analysis, Bibliographic Coupling, and Direct Citation: Which Citation Approach Represents the Research Front Most Accurately? [J]. *Journal of the American Society for Information Science and Technology*, 2010, 61(12): 2389-2404.

其中 N 为网络总节点数，d_{ij}是网络中两节点 i 和 j 之间的最短距离，上式中包含了节点到自身的距离(值为0)；若不考虑这一方面，则需在上式右端乘以因子 $(N+1)/(N-1)$ ，实际应用中，这么小的差别可以忽略。

(2)聚类系数(Clustering Coefficient)

衡量网络的聚类特征，是所有节点聚类系数的平均值。假设网络中节点 i 有 k_i条边将它和其他节点相连，即称这个节点有 k_i个邻居(neighbors)节点；而显然，这 k_i个节点之间可能最多有 $k_i(k_i-1)/2$ 条边，记 E_i为这 i 个节点之间实际存在的边数，则节点 i 的聚类系数 cc_i为：

$$cc_i = \frac{2E_i}{k_i(k_i - 1)} \tag{2-2}$$

从几何特点看，聚类系数也可描述为与点 i 相连的三角形(Triangles)的数量和与点 i 相连的三元组(Triads)的数量之比值：

$$cc_i = \frac{\text{Triangles}(i)}{\text{Triads}(i)} \tag{2-3}$$

而整个网络的聚类系数为所有节点聚类系数的均值，即 $cc = \sum_i cc_i/N$ ，N 为网络中节点的总数。

(3)节点的出度(Out-degree)和入度(In-degree)

出度是此节点指向其他节点的边的数目，入度则是其他节点指向该节点的边的数目，连接度(Degree)是出度与入度之和。

(4)网络的直径、半径和中心

在网络中任何两个节点之间最长的路径称为网络的直径，标记为 $D(G)$。从一个节点 u 到网络的所有其他节点的最长路径定义成节点 u 的半径，标记为 $R(G)$。那么具有最小半径的节点为网络的中心，所有节点中的最大半径就是网络的直径，网络的直径等于 G 中最长有向路径的长度。

(5)介数(Betweenness)和紧度(Closeness)

节点 v 的介数为从所有节点(除了 v)到其他节点必须通过节点 v 的路径数量。节点 v 的紧度是从所有节点到其他节点必须通过的节点 v 的有向路径数量。介数和紧度用于度量中间节点的有用性，介数考虑所有的路径，而紧度仅考虑有向路径。

2.2.2 几种典型网络的统计拓扑特征

针对上节提到的平均路径长度、聚类系数、度分布三个指标，分析以下四种典型网络的拓扑结构统计特征①：

(1)规则网络

规则网络是一类最简单的网络，常见的有最近邻耦合网络(Nearest Neighbor Coupled Network，NNC)、全局耦合网络(Globally Coupled Network，GC)和星形网络(Star Coupled Network，SC)，如图 2-4 所示。

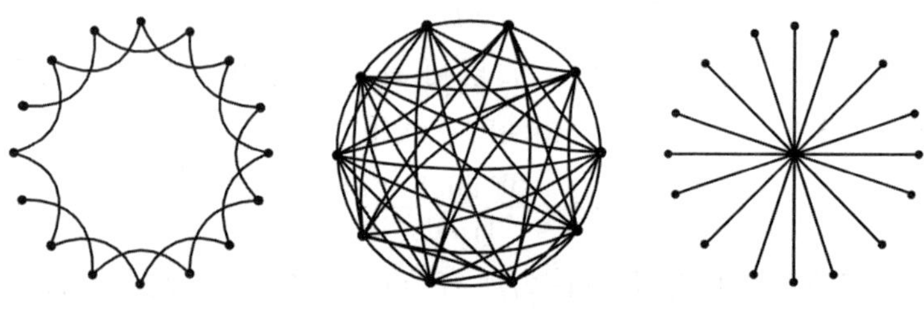

图 2-4　几种典型耦合网络

在 NNC 中，每一个节点只与其周围的邻居节点连接。具有周期边界条件的 NNC 包含 N 个节点，这些节点围成一个环，其中每个节点都与它左右各 $K/2$ 个邻居相连。对于较大的 K 值，其聚类系数为 $C_{nc}=3(K-2)/[4(K-1)]\approx 3/4$，可见，这样的网络是高度聚类的；但是，NNC 不是一个小世界网络，对于固定的 K 值，该类型网络的平均路径长度为 $L_{nc}\approx N/(2K)\to\infty$，$(N\to\infty)$。

在一个 GC 中，任意两个节点之间都有边连接。因此，在具有相同节点数的所有网络中，GC 具有最小的平均路径长度 $L_{gc}=1$ 和最大的聚类系数 $C_{gc}=1$，具有小世界的结构特征。

① 汪小帆，李翔，陈关荣．复杂网络理论及其应用［M］．北京：清华大学出版社，2006.

SC 有一个中心点，其余的 N-1 个点都只和这个中心点相连，而它们彼此则并不连接。其平均路径长度为 $L_s \approx 2-2(N-1)/[N(N-1)] \to 2$，$(N \to \infty)$；聚类系数为 $C_s=(N-1)/N \to 1$，$(N \to \infty)$。

(2)随机网络

与完全规则网络相对的是完全随机网络，其中典型的是 Erdos 和 Renyi 提出的 ER 随机图①。ER 图包含 N 个节点，以相同的概率 p 给每对节点添加一条连线，则得到一个有 N 个节点，约 $pN(N-1)/2$ 条边的 ER 随机图。

ER 随机图的平均度是 $\langle k\rangle=p(N-1) \approx pN$；设 L_{ER} 是 ER 随机图的平均路径长度。直观上，对于 ER 随机图中随机选取的一个点，网络中大约有 $\langle k\rangle^{L_{ER}}$ 个其他的点与该点之间的距离等于或非常接近于 L_{ER}。因此，$N \propto \langle k\rangle^{L_{ER}}$，即 $L_{ER} \propto \ln N/\ln\langle k\rangle$。这种平均路径长度为网络规模的对数增长函数的特征就是典型的小世界特征。

ER 随机图中两个节点之间不论是否具有共同的邻居节点，其连接概率均为 p，因此，其聚类系数为 $C=p=\langle k\rangle/N \ll 1$，表明大规模的稀疏 ER 随机图没有聚类特征。

固定 ER 随机图的平均度 $\langle k\rangle$ 不变，则对于充分大的 N，由于每条边的出现与否都是独立的，故其度分布可用 Poission 分布来表示②：$P(k)=\langle k\rangle^k e^{-\langle k\rangle}/k!$。

(3)小世界网络

规则的 NNC 具有高聚类特征，但并不是小世界网络。另一方面，ER 随机图虽然具有小的平均路径长度但却没有高聚类特征。作为从完全规则网络向完全随机图的过渡，小世界网络模型被提了出来。

---

① Erdos P., Renyi A. On the Evolution of Random Graphs [J]. *Publ. Math. Inst. Hung. Acad. Sci.*, 1960, 5: 17-60.

② Bollobas B. Random Graphs [M]. 2nd. New York: Academic Press, 2001.

聚类系数。WS 小世界网络的聚类系数为①：

$$C(p)=\frac{3(K-2)}{4(K-1)}(1-P)^{3} \tag{2-4}$$

NW 小世界网络的聚类系数为②：

$$C(p)=\frac{3(K-2)}{4(K-1)+4Kp(p+2)} \tag{2-5}$$

平均路径长度。到目前为止，人们还没有找到 WS 小世界网络平均路径长度的精确表达式，利用重正化群的方法得到如下公式③：

$$L(p)=\frac{2N}{K}f(NKp/2) \tag{2-6}$$

其中，$f(x)$ 为一个普适标度函数，满足：

$$f(x)=\begin{cases}\text{常数}, & x\ll 1\\ (\ln x)/x, & x\gg 1\end{cases} \tag{2-7}$$

度分布。类似 ER 随机图，WS 小世界网络是所有点的度都近似相等的均匀网络；对于 NW 小世界网络，每个节点的度至少为 K，当 $k\geqslant K$ 时，一个随机选取的节点的度为 k 的概率为：

$$P(k)=\binom{N}{k-K}\left(\frac{Kp}{N}\right)^{k-K}\left(1-\frac{Kp}{N}\right)^{N-k+K} \tag{2-8}$$

而当 $k<K$ 时，$P(k)=0$。

2.2.3 网络度分布

关于网络度分布的求解，史定华等构造了基于马尔可夫链的求解方法，他们还对国际上几种典型方法进行了归纳④，主要包括以

---

① Barrat A., Weigt M. On the Properties of Small World Networks [J]. *Eur. Phys. J. B*, 2000, 13: 547-560.

② Newman M. E. The Structure and Function of Complex Networks [J]. *Siam Review*, 2003, 45(2): 167-256.

③ Newman M. E., Moore C., Watts D. J. Mean Field Solution of the Small World Network Model [J]. *Phys. Rev. Lett.*, 2000, 84: 3201-3204.

④ 史定华，刘黎明．演化网络——模型、测度及方法[A]//许晓鸣，郭雷．复杂网络，上海：上海科技教育出版社，2006：6-10.

下四种：

(1)模拟方法

对于一个给定的网络模型，根据演化机理，通过模拟计算生成一个具体的网络，统计具有度数为 k 的节点的频数，重复若干次，取其平均值，然后以频率代替概率，即以网络中心度为 k 的节点数占总节点数的比例(频率)作为概率 $p(k)$ 的近似值，这是实证研究所采用的方法。

(2)平均场方法

平均场方法(mean-field approach)由 Barabási，Albert 和 Jeong① 提出。

令 $k_i(t)$ 表示在 t 时间步节点 i 的度数，建设 i 是在第 i 时间步加入网络。对 BA 模型，因为到 t 时间步网络共增加 mt 条边，每条边连通两个节点，共计算了两次，去掉新增加的节点有 m 条连线，所以有 $\sum_j k_j = 2mt - m$。而对 $t+1$ 时间步，$\sum_j k_j = 2mt + m$，因此根据连续性理论(continuum theory)，即把 $k_i(t)$ 看做连续动力学函数，取 $\sum_j k_j \approx 2mt$ 是合适的。另外，每个时间步新增 m 条连线在选择旧节点 i 的过程中，有一次被选中的概率为 $[\Pi(k_i)][1-\Pi(k_i)]^{m-1} \approx m\Pi(k_i)$。因此根据连续性理论，节点 i 的度数 $k_i(t)$ 应该近似地满足下述动力方程(dynamic equation)

$$\frac{\partial k_i}{\partial_t} = m\prod(k_i) = m\frac{k_i}{\sum_j k_j} \approx \frac{k_i}{2t}, k_i(i) = m \tag{2-9}$$

上述动力方程的解是 $k_i(t) = m\,(t/i)^{\beta}$，其中 $\beta = \frac{1}{2}$，称为动力学指数(dynamic exponent)。

因为计算机网络分布需要随机选择一个节点，所以 $k_i(t)$ 中的 i 必须看成随机变量。现在我们来研究它的分布。由于是随机选择的，i 应该在 t 个节点中服从均匀分布，即 $\rho(i) = 1/t$。而写成 $\rho(i) =$

① Barabási A. L.，Albert R.，Jeong H. Mean-field Theory for Scale-free Random Networks [J]. *Physica A*, 1999, 272: 173-187.

$1/(n_0+t)$ 是将开始 n_0 个节点作为第 0 时间步,因此在 0 处有跃度 $n_0/(n_0+t)$ 。于是,由于动力学方程解,网络度分布可以推到如下:

$$P(k_i(t)<k)=P\left\{i>\frac{m^2t}{k^2}\right\}=1-\frac{m^2t}{k^2(n_0+t)} \tag{2-10}$$

$$P(k,t)=\frac{\partial P\{k_i(t)<k\}}{\partial k}=2m^2k^{-3}\frac{t}{n_0+t} \tag{2-11}$$

由于节点 i 已经随机选择,在令 $t\to\infty$,所以网络稳态度分布(密度)为:

$$P(k)=\lim_{t\to\infty}P(k,t)\approx 2m^2k^{-r} \tag{2-12}$$

其中 $\gamma=1+\frac{1}{\beta}=3$ 成为度(分布)指数。注意 $\int_m^\infty 2m^2k^{-3}dk=1$,因为(2-12)式所得的连续密度只是离散概率的近似,所以对于小度数会有较大的偏差。

(3)率方程方法

率方程方法(rate-equation approach)由 Krapivsky, Redner 和 Lcyvraz① 提出。

令 $N_k(t)$ 表示在 t 时间步网路中有 k 条连线的节点数,对 BA 模型, $\sum_k kN_k(t)=2mt$ 。根据连续性理论,现在考虑节点数的变化率:对原来有 $k-1$ 条连线的节点,由于新连线加入而变成有 k 条连线节点,需要算入;对原来有 k 条连线的节点,由于新连线而变成有 $k+1$ 条连线节点,需要排除;对于新节点,它刚好有 m 条连线,若 $k=m$,则需要保留。因为新连线加入的概率为 $m\prod(k)\approx k/2t$,转换为 $N_k(t)$,于是可以推出下述率方程:

$$\frac{dN_k(t)}{dt}=m\frac{(k-1)N_{k-1}(t)-kN_k(t)}{\sum_k kN_k(t)}+\delta_{km} \tag{2-13}$$

为求解方程,按照大数定律有: $N_k(t)\approx tP(k)$,代入(2-23)式得:

① Krapivsky P. L., Redner S. Network Growth by Copying [J]. *Physical Review E*, 2005, 71: 036118.

$$P(k)\frac{dt}{dt}=m\frac{(k-1)tP(k-1)-ktP(k)}{2mt}+\delta_{km} \qquad (2\text{-}14)$$

简化为：

$$(k+2)P(k)=(k-1)P(k-1)+2\delta_{km} \qquad (2\text{-}15)$$

忽略初始节点的联通性，即不统计其度数。当 $k<m$ 时，有 $P(k)=0$。当 $k=m$ 时，因为 $P(k-1)=0$，所以有 $P(m)=2/(m+2)$ 。当 $k>m$ 时，因为 $\delta_{km}=0$，递推求解得：

$$P(k)=\frac{(k-1)}{(k+2)}P(k-1)=\frac{(k-1)(k-2)(k-3)}{(k+2)(k+1)k}P(k-3) \qquad (2\text{-}16)$$

一直计算到 $k=m+3$，于是有：

$$P(k)=\frac{2m(m+1)}{k(k+1)(k+2)}\sim 2m^2k^{-3} \qquad (2\text{-}17)$$

对小度数，上述等式是精确结果，但它不是幂律。

(4)主方程方法

主方程方法(master-equation approach)由 Dorogovtsev，Mendes 和 Samukhin① 提出。

对固定的 t，第 i 时间步加入的节点 i 的度数 $k_i(t)$ 是一个随机变量。现在令 $P(k,i,t)$ 表示节点 i 在 t 时刻有 k 条连线的概率。显然，BA 模型，一个新节点与 m 条连线加入网络使得节点 i 的度增加 1 的概率是 $m\prod(k)\sim k/2t$ 。于是得到下述主方程：

$$P(k,i,t+1)=\frac{k-1}{2t}P(k-1,i,t)+\left(1-\frac{k}{2t}\right)P(k,i,t) \qquad (2\text{-}18)$$

主方程的边界条件为 $P(k,t,i)=\delta_{km}$。

下面介绍求解主方程的几种方法。

方法 1：

主方程可以改写成：

---

① Dorogovtsev S. N.，Mendes J. F.，Samukhin A. N. Structure of Growing Networks with Preferential Linking [J]. *Phys. Rev. Lett.*，2000，85：4633-4636.

$$\frac{t+1}{t+1}\left(\sum_{i=1}^{t+1}P(k,i,t+1)-P(k,i+1,t+1)\right)$$

$$=\frac{k-1}{2t}\sum_{i=1}^{i}P(k-1,i,t)+\left(1-\frac{k}{2t}\right)\sum_{i=1}^{i}P(k,i,t)$$

补充假设 $\lim\limits_{t\to\infty}t(P(k,t+1)-P(k,t))=0$，令 $t\to\infty$，可得：

$$P(k)-\delta_{km}=\frac{k-1}{2}P(k-1)-\frac{k}{2}P(k) \tag{2-19}$$

再简化为：

$$(k+2)P(k)=(k-1)P(k-1)+2\delta_{km} \tag{2-20}$$

它与方程(2-18)相同。

方法 2：

主方程可以改写成：

$$2t(P(k,t_i,t+1)-P(k,t_i,t))=(k-1)P(k-1,t_i,t)-kP(k,t_i,t) \tag{2-21}$$

根据连续性理论，这个差分方程又可以改写为偏微分方程：

$$2t\frac{\partial P(k,t_i,t)}{\partial t}+\frac{\partial[kP(k,t_i,t)]}{\partial k}=0 \tag{2-22}$$

引进单个节点 s 的平均连线数：

$$\bar{k}(s,t)=\sum_{k=1}^{\infty}kP(k,s,t)=\int_0^{\infty}kP(k,s,t)\,\mathrm{d}k \tag{2-23}$$

在偏微分方程两边乘以 k，然后对 k 积分，由分部积分：

$$\int_0^{\infty}k\mathrm{d}k\frac{\partial[kP(k,s,t)]}{\partial k}=\int_0^{\infty}k\mathrm{d}[kP(k,s,t)]$$

$$=-\int_0^{\infty}kP(k,s,t)\,\mathrm{d}k=-\bar{k}(s,t)$$

于是偏微分方程可进一步改写为：

$$\frac{\partial\bar{k}(s,t)}{\partial t}=\frac{\bar{k}(s,t)}{2t},\bar{k}(i,t)=m \tag{2-24}$$

它的通解是 $\mathrm{In}\bar{k}(s,t)=\int_0^{t}\frac{\mathrm{d}u}{2u}=\mathrm{In}C\sqrt{\frac{t}{s}}$，再由边界条件得

$\bar{k}(s,t)=m\sqrt{\dfrac{t}{s}}$。

离散的分布律可以看成连续的 δ 密度。例如,对于两点分布,$x=0$ 时,概率 p;$x=1$ 时,概率 q,可以写成 $f(x)=p\delta(x)+q\delta(x-1)$。同样,我们有:

$$P(k,t)=\frac{1}{t}\int_0^t P(k,s,t)\,\mathrm{d}s=\frac{1}{t}\int_0^t \delta(k-\bar{k}(s,t))\,\mathrm{d}s \tag{2-25}$$

令 $u=-\bar{k}(s,t)$,注意到 $\mathrm{d}u=-\dfrac{\partial\bar{k}(s,t)}{\partial s}\mathrm{d}s$ 和 $\bar{k}(s,t)=m\sqrt{\dfrac{t}{s}}$ 的解是 $s=m^2t\,\bar{k}^{-2}(s,t)$,由 δ 函数积分得:

$$\frac{1}{t}\int_0^t \delta(k-\bar{k}(s,t))ds=-\frac{1}{t}\left(1\Big/\frac{\partial\bar{k}(s,t)}{\partial s}\right)_{i=m^2tk^{-2}} \tag{2-26}$$

得到:

$$P(k)=\lim_{t\to\infty}P(k,t)=\lim_{t\to\infty}\left(\frac{12s^{3/2}}{tm\sqrt{t}}\right)_{i=m^2tk^{-2}}=2m^2k^{-3} \tag{2-27}$$

方法 3:

令 $P(q,i,t)$ 表示第 i 时间步加入的节点 i 在 t 时有 q 条连入边的概率,因为新加入的节点有 m 条连出边,所以 $k=m+q$。类似主方程的推导,可得到 $P(q,i,t)$ 的主方程,由 $P(q,i+1,t)=\delta_{q0}$,有差分方程:

$$2P(q)+(q+m)P(q)-(q-1+m)P(q+1)=2\delta_{q0} \tag{2-28}$$

引入 $P(q)$ 的母函数 $\phi(z)=\sum_0^\infty P(q)z^q$,在上述差分方程两边乘以 z^q,并求和,再记 $\psi(z)=\sum_0^\infty P(q)z^{q+1}=z\phi(z)$,因为:

$$\psi(z)=\sum_{q=0}^\infty P(q)(q+1)z^q=\sum_{q=1}^\infty qP(q)z^q+\phi(z)=\phi(z)+z\phi'(z) \tag{2-29}$$

且注意到 $\sum_{q=1}^{\infty}\delta_{q0}z^q=1$，于是得到母函数满足的微分方程：

$$z(1-z)\frac{\mathrm{d}\phi(z)}{\mathrm{d}z}+m(1-z)\phi(z)+2\phi(z)=2 \tag{2-30}$$

这个变系数微分方程的解为：

$$\phi(z)=2z^{-2-m}(1-z)^2\int_0^z\frac{x^{m+1}dx}{(1-x)^3}=\frac{2}{m+2^z}F_1(1,m,m+3,z) \tag{2-31}$$

其中 $F_1(*)$ 是超几何级数。再展开超几何函数，通过比较系数可得：

$$P(q)=\frac{2m(m+1)}{(q+m)(q+m+1)(q+m+2)}\sim 2m^2q^{-3} \tag{2-32}$$

(4)无标度网络

针对 BA 无标度网络的聚类系数，Fronczak 等①使用均场方法(mean-field approach)分析，发现数值与 ER 随机图类似，且当网络规模充分大时，BA 网络不具有明显的聚类特征，如下：

$$cc_{BA}=\frac{m^2(m+1)^2}{4(m-1)}\left[\ln\left(\frac{m+1}{m}\right)-\frac{1}{m+1}\right]\frac{[\ln(t)]^2}{t} \tag{2-33}$$

上式 m 表示每时间步增加的连接数。

Cohen 和 Havlin② 分析得到 BA 网络的平均路径长度：

$$AveShortestLen_{BA}\propto\frac{\log N}{\log\log N} \tag{2-34}$$

表明 BA 网络具有小世界特征。

度分布。选择核心知识节点时采用的是度择优选择策略，节点 i 被选中的几率与自身的连接度成正比，即 $\prod_i=k_i\Big/\sum_j k_j$，故在 t 时间步，它的连接度变化率为：

---

① Fronczak A., Fronczak P., Holyst J. A. Mean-field Theory for Clustering Coefficients in Barabási-Albert Networks [J]. *Phys. Rev. E*, 2003, 68: 046126.

② Cohen R., Havlin S. Scale-free Networks are Ultrasmall [J]. *Phys. Rev. Lett.*, 2003, 86: 3682-3685.

$$\frac{\partial k_i}{\partial t} = x \frac{k_i}{\sum_j k_j} \tag{2-35}$$

求解①得到 $P(k) \propto 2m^2k^{-3}$。

2.2.4 网络的谱属性

前文已经阐述了如何从邻接矩阵和拉普拉斯矩阵的角度定义网络，本小节将讨论如何从矩阵提取动态属性。谱半径是从邻接矩阵计算出来的，谱隙是从网络的拉普拉斯矩阵中计算出来的。将矩阵看成根据它的动态方程 $D[A] = AX$ 随着时间和空间变化的线性系统变换，这里 D 为线性运算符，A 为某种类型的线性变换，X 为系统的状态。

将线性系统对刺激的响应分解成一组基本的模式或基本矢量，数学中称为谱分解。基本矢量被称为正交矢量或特征向量。比如，如果说 λ 为对角矩阵，那么 A 就可以分解为 $A = \lambda I$，这里 I 为单位矩阵，λ 是包含特征值的矩阵，或者说 $\det[A - \lambda I] = 0$，det 求解行列式值。所以，谱分析是找到线性系统基本振动模式（谱频）并将它们表示成称为特征值的常数的过程。谱半径是网络的邻接矩阵的最大非零特征值，而谱隙是网络的拉普拉斯矩阵的最大非零特征值。

（1）谱半径

谱半径 $\rho(G)$ 是 $\det[A(G) - \lambda I] = 0$ 的最大非平凡特征值，这里 A 为邻接矩阵，I 是单位矩阵。特征值是 λI 的对角线 $\lambda_1, \lambda_2, \lambda_3, \cdots, \lambda_n$。谱半径特征值又称为属性特征值，它们以简单的方式描述图的拓扑。

（2）谱隙

拉普拉斯矩阵 $L = A - D$ 是邻接矩阵和连接度矩阵之差。网络的谱隙为 L 的最大非平凡特征值。

在讨论网络中的同步和群体动力问题时，这些概念会用到，后续

---

① Barabási A. L., Albert R., Jeong H. Mean-field Theory for Scale-free Random Networks[J]. *Physica A*, 1999, 272: 173-187.

再进一步阐述。

2.2.5 网络类群

许多实际网络都具有社团(community)、类群(cluster)结构,即整个网络是由若干个群(group)或团(cluster)构成。每个类群内部的节点之间的连接相对很紧密,但是各个群之间的连接则相对稀疏。知识网络具有明显的社团结构,通过直接引证网络、耦合网络、共现网络均可以对知识网络进行聚类①②③。

网络社团结构的研究已经有较长的历史,它与计算机科学中的图形分割(Graph Partition,GP)和社会学中的分级聚类(Hierarchical Clustering,HC)有着密切的关系④⑤。

对于图形分割 GP 方法,通常情况下,找到这类分类问题的精确解是一个 NP 难题,因此,当图的规模很大时,不存在有效的精确解法。但是,很多启发式算法在多数情况下可以得到满意解。其中有名的两个算法包括:

(1)Kernighan-Lin 算法⑥

它采用了一种贪婪算法,根据使类群内部及类群间的边最优化的原则对原始的网络进行分类。

---

① Newman M. E. Modularity and Community Structure in Networks[J]. *Proc. National Acad. Sci.* (USA),2006(103):8577-8582.

② Newman M. E. Scientific Collaboration Networks (Ⅰ)—Network Construction and Fundamental Results[J]. *Phys. Rev. E*,2001(64):016131.

③ Newman M. E. Scientific Collaboration Networks (Ⅱ)—Shortest Paths, Weighted Networks, and Centrality[J]. *Phys. Rev. E*,2001(64):016132.

④ Garey M. R., Johnson D. S. *Computers and Intractability: A Guide to the Theory of NP-Completeness*[M]. San Francisco: Freeman Publishers,1979.

⑤ Scott J. *Social Network Analysis: A Handbook*[M]. 2nd. London: Sage Publications,2002.

⑥ Kernighan B. W., Lin S. A Efficient Heuristic Procedure for Partitioning Graphs[J]. *Bell System Technical Journal*,1970,49:291-307.

(2)基于 Laplace 图特征值的谱平分法(spectral bisection method)①②

分级聚类 HC 是寻找社会网络中社团结构的一类传统算法。它是基于各个节点之间连接的相似性或者强度,把网络自然地划分为各个子群。根据往网络中添加边还是从网络中删除边,该类算法又可以分为两类:凝聚方法(agglomerative method)和分裂方法(divisive method)③。

凝聚方法的基本思想是用某种方法计算出各个节点对之间的相似性,然后从相似性最高的节点对开始,往一个节点数为 n 边的数目为0的原始空网络中添加连接边。这个过程可以终止于任何一点,此时这个网络的组成就认为是若干个社团。

相反,在分裂算法中,一般是从所关注的网络着手,试图找到已连接的相似性最低的节点对,然后移除连接它们的边。重复这个过程,就逐步把整个网络分成越来越小的各个部分。同样的,可以在任何情况下终止,并且把此状态下的网络看做若干网络社团的集合。

对于较大规模网络的快速聚类,这里简要介绍 Clauset、Newman 和 Moore 开发的基于堆结构的快速聚类算法④,这个算法可以用于分析节点数达到百万的复杂网络。这种快速聚类算法实际上是一种基于贪婪算法思想的一种凝聚算法。本算法的数据结构包含:①模块度的增量矩阵 ΔQ_{ij} ,与网络的连接矩阵对应,这是一个稀疏矩阵。将矩阵的每一行都存为一个平衡二叉树和一个最大堆,存为二叉树的好处是可以在 $O(\log n)$ 时间内找到所需的某个元素,而存为最大堆的好处是可以在最短的时间内找到每一行的最大元素。②最大堆

---

① Fiedler M. Algebratic Connectivity of Graphs [J]. *Czech. Math. J.* , 1973, 23:298.

② Pothen A. , Simon H. , Liou K. P. Partitioning Sparse Matrices with Eigenvectors of Graphs[J]. *Siam J. Matrix Anal. Appl*, 1990, 11:430.

③ Watts D. J. , Strogatz S. H. Collective Dynamics of "Small-world" Networks [J]. *Nature*, 1998, 393:440-442.

④ Clauset A. , Newman M. E. , Moore C. Finding Community Structure in Very Large Networks[J]. *Phys. Rev. E*, 2004, 70:066111.

H，该堆中包含了模块度增量矩阵 ΔQ_{ij} 中每一行的最大元素，和此元素所对应的社团号 i 和 j。③辅助向量 a_i。

在以上数据结构基础上，快速算法的流程为：

1)初始化：网络为 n 个社团，即每个节点都是一个独立社团。初始的模块度值 $Q=0$。初始的 e_{ij}和 a_i满足：

$$e_{ij}=\begin{cases}1/2m, & \text{如果节点 } i \text{ 与 } j \text{ 之间有边连接}\\ 0, & \text{其他}\end{cases} \tag{2-36}$$

$$a_i = k_i/2m$$

其中，k_i为节点 i 的度；m 为网络中总的边数。从而，初始模块度增量矩阵的满足：

$$\Delta Q_{ij}=\begin{cases}1/2m - k_ik_j/(2m)^2, & \text{如果节点 } i \text{ 与 } j \text{ 连接}\\ 0, & \text{其他}\end{cases} \tag{2-37}$$

得到初始的模块度增量矩阵，从而也得到由它的每一行最大元素构成的最大堆 H。

2)从最大堆 H 中选择最大的 ΔQ_{ij}，合并相应社团 i 和 j，标记合并后的社团标号为 j，同时更新模块度增量矩阵、最大堆和辅助向量。

ΔQ_{ij} 的更新：删除第 i 行和第 i 列的元素，更新第 j 行和第 j 列的元素，从而得到：

$$\Delta Q'_{jk}=\begin{cases}\Delta Q_{ik}+\Delta Q_{jk}, & \text{社团 } k \text{ 同时与社团 } i \text{ 及 } j \text{ 相连}\\ \Delta Q_{ik}-2a_ja_k, & \text{社团 } k \text{ 仅与社团 } i \text{ 相连，未与 } j \text{ 相连}\\ \Delta Q_{jk}-2a_ja_k, & \text{社团 } k \text{ 仅与社团 } j \text{ 相连，未与 } i \text{ 相连}\end{cases} \tag{2-38}$$

最大堆的更新：每次更新模块度增量矩阵后，相应更新最大堆中行和列的最大元素。辅助向量的更新：$a'_j=a_i+a_j$；$a'_i=0$。

并且，记录合并以后的模块度值 $\Delta Q_{ij}+Q$。

3)重复执行步骤(2)，不断合并社团，直到整个网络都合并成为一个社团。

在整个算法的过程中，模块度 Q 仅有一个峰值。当模块度增量矩阵中最大元素都小于零之后，Q 值就只能下降了。所以只要模块度增量矩阵中最大元素由正变负以后，就可以停止合并。

基于堆结构的快速聚类算法的复杂度为 $O(n\log^2 n)$，接近线性复杂度。

2.3 网络演化

2.3.1 小世界网络及其改进模型

(1)WS 模型

Watts 和 Strogatz 提出了小世界网络的构建算法①:

1)从规则图开始:考虑一个含有 N 个点的最近邻耦合网络，它们围成一个环，其中每个节点都和与它左右相邻的各 $K/2$ 节点相连，K 为偶数。

2)随机化重连:以概率 p 随机地重新连接网络中的每个边，即将边的一个端点保持不变，而另一个端点取为网络中随机选择的一个节点。其中，任意两个不同节点之间至多只能有一条边，并且每个节点都不能有边与自己相连。

由此而形成高聚类、短特征路径长度的小世界网络。

(2)NW 模型

由于 WS 模型构造算法中的断链随机重连过程可能会破坏网络的连通性，针对这个问题，Newman 和 Watts 又提出了小世界网络的改进构造算法:

1)从规则图开始:考虑一个含有 N 个点的最近邻耦合网络，它们围成一个环，其中每个节点都和与它左右相邻的各 $K/2$ 节点相连，K 为偶数。

2)随机化加边:以概率 p 在随机选取的一对节点之间增加一条边。其中，任意两个不同节点之间至多只能有一条边，并且每个节点都不能有边与自己相连。

---

① Watts D. J., Strogatz S. H. Collective Dynamics of "Small-world" Networks [J]. *Nature*, 1998, 393: 440-442.

对于 NW 小世界模型，当 $p=0$ 时，形成最近邻耦合网络；当 $p=1$ 时，则形成全局耦合网络。

2.3.2 无标度网络及其改进模型

(1)BA 模型

Barabási 和 Albert 构建了无标度网络的演化模型，揭示了网络无标度特征形成的内在机理①，模型的构造算法如下：

1)增长(Growth)：从一个具有 m_0 个节点的网络开始，每次引入一个新的节点，新节点连接到 m 个已存在的不同节点上($m \leqslant m_0$)。

2)择优连接(Preferential Attachment)：连接新节点到一个已经存在的节点 i 上的概率 $\prod_i$ 与节点 i 的度 k_i 成正比：$\prod_i = k_i \Big/ \sum_j k_j$。

(2)适应度模型(Fitness Model)

由于网络节点本身的一些属性对择优连接过程会产生影响。针对这个问题，Bianconi 和 Barabási 提出了适应度模型②：

1)增长：从一个具有 m_0 个节点的网络开始，每次引入一个新的节点，新节点连接到 m 个已存在的不同节点上($m \leqslant m_0$)；每个节点的适应度按照概率分布 $\rho(\eta)$ 选取。

2)择优连接：连接新节点到一个已经存在的节点 i 上的概率 $\prod_i$ 与节点 i 的度 k_i、节点 j 的度 k_j 和适应度 η_i 满足关系：$\prod_i = k_i\eta_i \Big/ \sum_j k_j\eta_j$。

适应度模型的度分布与适应度的分布是相关的，然而表现出的马太效应作用却是基本一样的。当适应度分布函数具有无限支撑(infinite support)时，最高适应度的那个节点就会获得占整个网络总

① Barabási A. L. , Albert R. Emergence of Scaling in Random Networks[J]. *Science*, 1999, 286: 509-512.

② Bianconi G. , Barabási A. L. Bose-Einstein Condensation in Complex Networks[J]. *Phys. Rev. Lett*, 2001, 86: 5632-5635.

边数一定比例的边数,通常称为“赢家通吃”(winner takes all)现象,类似于市场中的寡头垄断。

(3)局域世界演化网络(Local-world evolving network)

在很多现实网络中,每一个节点从属于一定的局域世界,通常也只占有和使用网络的局部信息。Li 和 Chen① 构建了基于局域世界的演化网络模型:

1)增长:从一个具有 m_0个节点和 e_0条边的网络开始,每次引入一个新的节点,新节点连接到 m 个已存在的不同节点上($m \leqslant m_0$)。

2)局域世界择优连接:随机从网络中已有的节点中选取 M 个节点 ($M \geqslant m$) ,作为新加入节点的局域世界。新加入节点根据择优连接概率:

$$\prod_{local}(k_i) = \Pi'(i \in LW) \frac{k_i}{\sum_{local} k_j} \equiv \frac{M}{m_0 + t} \frac{k_i}{\sum_{local} k_j} \quad (2\text{-}39)$$

选择与局域世界中的 m 个节点进行连接, 其中 LW 由新选的 M 个节点组成。

当 $M=m$ 时, 局域世界中所有节点都在被选行列, 此时, 择优机制失效, 等价为舍弃择优连接机制的增长网络, 网络度服从指数分布; 而当 $M=t+m_0$时, 每个节点的局域世界都是整个网络, 转化为 BA 无标度网络模型, 连接度满足幂律分布; 而当 M 值处于上述两者之间时, 则所得介于指数分布和幂律分布之间。

2.4　群体动力与网络耦合

2.4.1　耦合动态方程

当一个集体中每个个体都是一个动力学系统, 而这些个体之间存在着某种特定的耦合关系, 这就构成了群体动力和网络耦合方面的研究。知识网络的演化是连续的, 所以本节只列出一般连续时间

① Li X. , Chen G. A Local World Evolving Network Model[J]. *Physica A*, 2003,328:274-286.

耦合网络的演化与同步问题。

考虑一个由 N 个相同节点构成的连续时间耦合动态网络，节点 i 的状态方程①记为 v_i ：

$$\dot{v}_i = f(v_i) + \sigma \sum_{j \neq i} w_{ij} H(v_j)\ (i = 1,2,3,\cdots,n) \qquad (2\text{-}40)$$

其中,n 表示总的节点数量；$v_i = (v_i(1), v_i(2), v_i(3), \cdots, v_i(n))$ 为节点 i 的状态变量；常数 $\sigma > 0$ 为网络的耦合强度；$W = |w_{i(t)j(t-1)}| \in R_{n\times n}$ 是网络的拓扑结构,且满足耦合条件 $\sum_j w_{ij} = 0$;H 为各节点之间的内部耦合函数。

个体的单独行动不能称为热点与趋势,热点和趋势是群体行为的一种表现,其形成过程是从零散到一致的过程。从上式进行分析,当知识网络达到完全一致的状态时,即所有节点的状态向量都趋于一致 $v_1 \to v_2 \to \cdots \to v_N \to v_s$,此时上式右边第二项 $\sum_j w_{ij} H(v_j) = 0$,上式转而满足：$\dot{v}_s = f(v_s)$,整个方程组的同步状态解也就是单个簇群的解 v_s。

2.4.2 群体一致行动的判据

目前,此方面的研究更多的是关注方程组的极限行为(稳定点)的分析,这里只把所获得的一些主要结论指出来。赵明和汪秉宏等②、汪小帆和陈关荣等③人对其中的同步问题、相继故障问题进行了细致的研究和综述。

分析非线性系统的稳定性,通常是在稳定点附近约化到相应的线性系统,对方程式(2-40)关于同步状态 v_s 作线性化处理,得到变分方程：

---

① Pecora L. M., Carroll T. L. Master Stabilityfunctions for Synchronized Coupled Systems [J]. *Phys. Rev. Lett.*, 1998, 80: 2109.

② 赵明,汪秉宏,蒋品群,周涛. 复杂网络上动力系统同步的研究进展[J]. 物理学进展,2005,25(3):273-295.

③ 汪小帆,李翔,陈关荣. 复杂网络理论及其应用[M]. 北京:清华大学出版社,2006.

$$\dot{\eta}_i = Df(v_s)\eta_i + \sigma \sum_j w_{ij} DH(v_s)\ \eta_i \tag{2-41}$$

其中，η_i 是节点 i 状态的变分，Df 和 DH 分别是函数 f 和 H 的 Jacobian 矩阵。再令 $\eta = (\eta_1, \eta_2, \cdots, \eta_N)$，得到：

$$\dot{\eta} = Df(v_s)\eta + \sigma DH(v_s) \cdot \eta \cdot W^T \tag{2-42}$$

由 Jordan 理论，方程式的稳定性由 W 的特征值 γ 决定，不妨设其对应的特征向量为 λ，令 $\xi = \gamma \cdot \lambda$，则方程式转化为：

$$\dot{\xi} = [Df(v_s) + \sigma\gamma DH(v_s)] \cdot \xi \tag{2-43}$$

由 $\sum_j w_{ij} = 0$，知 $\gamma = 0$ 是 W 的一个特征值，相应特征向量为 $(1,1,\cdots,1)^{\mathrm{T}}$。设系统的特征值为：$\gamma_1 = \gamma_{\max} \geqslant \gamma_2 \geqslant \gamma_3 \geqslant \cdots \geqslant \gamma_N$，当 $\gamma_1 = 0$，其他特征值全为负，则系统是稳定的，趋向稳定的速度由第二大特征根 γ_2 的取值决定。对于复特征值，分析和实特征值类似，相关内容请参考汪小帆和陈关荣等的研究，这里不详述。

由上式，网络同步还需要使状态向量在同步化区域之内，可以分为以下几种情况，具体可参考 Kocarev 和 Amato①、汪小帆和陈关荣等的研究，本节列出知识网络同步的判据：

1）类型 I 网络，对应的同步化区域为 $S_1 = (-\infty, \alpha_1)$，$\alpha_1$ 为有限非正实数。如果耦合强度和耦合矩阵的特征值满足 $\sigma\gamma_2 < \alpha_1$，则网络是渐进稳定的。

2）类型 II 网络，对应的同步化区域为 $S_2 = (\alpha_2, \alpha_1)$，$\alpha_2 < \alpha_1$ 为有限非正实数，当耦合强度和耦合矩阵的特征值满足 $\alpha_1 < \sigma\gamma_N$，$\sigma\gamma_2 < \alpha_1$，则网络是渐近稳定的。

3）类型 III 网络，对应的同步化区域为空集 $S_3 = \varnothing$，对于任何的耦合强度和耦合矩阵，都无法实现同步。

知识创造有创新和求异的本质要求，在科学研究中表现更加明显。由于这一点使得知识网络中不可能出现完全同步，完全同步只是数学抽象模型的理想状态，这种情况在现实中可以找到近似，不可能找到完全一致。所以不能用本节模型的极限状态预示长远时间

① Kocarev L., Amato P. Synchronization in Power-law Networks[R]. Chaos, 2005, 15: 024101.

的发展，现实中的热点可能达到一定的同步程度便止步。Kuramoto①提出的相位同步是一种弱关系同步，用它来表现热点效果可能会更好些。

2.4.3 结构对耦合的影响

几种典型网络的同步②：①对给定的耦合强度，不管它有多大，当网络规模充分大时，最近邻耦合网络无法达到同步；②对给定的非零耦合强度，不管它有多小，只要网络规模充分大，全局耦合网络必然可以达到同步；③星形耦合网络的同步化能力与网络规模无关，当耦合强度大于一个与网络规模无关的临界值时，可以实现同步。结合方程(2-40)可见，最近邻耦合网络由于极远的信息传送距离和高聚类特征使得节点耦合变得困难，而一致行动也很难达到；全局耦合网络由于普遍的连通性使得同步很容易达到，而星形网络则只能在一定范围之内达成一致行动。

小世界结构的影响。最近邻耦合网络的局部聚类特征明显，Hong等人③的研究指出，随着节点数量的增加，这类网络的一致行动能力降低，当 $N \to \infty$ 时，网络不可能达到同步，但通过加入少量的长程边使网络的平均路径缩短，则同步化能力会增强，随着小世界特征的加强，一致行动能力增强。当知识创造者只关注本领域的知识发展时，便难以与更广泛的知识进步形成一致；可见，交叉知识领域的发展是热点形成、一致行动的必要保证。

无标度结构的影响。无标度特征反映了知识网络连接的不均匀

---

① Kuramoto Y. *Chemical Oscillations Waves and Turbulence*[M], Springer-Verlag. 1984.

② 汪小帆，李翔，陈关荣. 复杂网络理论及其应用[M]. 北京：清华大学出版社，2006.

③ Hong H., Kim B. J., Choi M. Y., Park H. Factors that Predict Better Synchronizability on Complex Networks[J]. *Physic Review E*, 2004, 69: 067105.

性，Nishikawa 等人①的研究表明，随着幂率分布指数增大，则网络同步的能力增强。幂率指数越大，表明高连接度的节点越少、越集中，这些节点的连接度也越高。这些极高连接度节点可以认为是协调中心，起到缩短平均路径长度的作用，而更高的幂率分布指数也使得网络的度分布更加均匀，从而提高了网络的一致行动能力。此外，无标度网络中节点平均连接度越大，网络的同步化能力也越强。

Biglu② 对 SCIE 上近 40 年的抽样数据统计指出，期刊文献的平均参考文献数(出度)是增长的，Krapivsky 和 Redner③ 统计《物理评论》在 110 年里发表的文章发现，每篇文章引用的参考文献数目随文章发表时间呈对数增长；马费成和刘向④通过分析也指出，对数增长可能是期刊文献参考文献增长的主要模式。由此可以看出，近一个世纪以来，科学研究中的同步化趋势和一致行动的能力是越来越强的。

介点的影响。Hong 等人⑤的研究指出，通过减少最大介数的节点，可以提高网络的同步化能力。对于此点，目前得到较大接受的一个解释是：假设在网络中两个连接度很高的集团间通过少量的几个点相连，同步信息通过其中介数最大的节点传播，这就会造成信息的拥塞；因此，网络的最大介数越大，信息的传播越不通畅，网络的同步能力下降。

---

① Nishikawa T., Motter A. E., Lai Y. C., Hoppensteadt F. C. Heterogeneity in Oscillator Networks: Are Smaller Worlds Easier to Synchronize? [J]. *Phys. Rev. Lett.*, 2003, 91: 014101.

② Biglu M. H. The Influence of References Per Paper in the SCI to Impact Factors and the Matthew Effect[J]. *Scientometrics*, 2008, 74(3): 453-470.

③ Krapivsky P. L., Redner S. Network Growth by Copying[J]. *Physical Review E*, 2005, 71: 036118.

④ 马费成，刘向. 知识网络的演化(III)：连接机制[J]. 情报学报，2011，30(10)：1015-1021.

⑤ Hong H., Kim B. J., Choi M. Y., Park H. Factors that Predict Better Synchronizability on Complex Networks[J]. *Physic Review E*, 2004, 69: 067105.

2.5 本章小结

本章内容概述了知识网络的基本理论和方法，主要包括知识网络构造和分类、知识网络的拓扑结构、知识网络的演化、知识网络中的群体动力和网络耦合等方面的内容。其中，知识网络的构造及分类概述了几种典型的知识网络，分别比较了几种类型知识网络的特征；知识网络的演化主要结合复杂网络中的相关研究，讨论知识网络的演化过程模型，这一部分是为后续连续两章内容服务的；知识网络中的群体动力和网络耦合方面的理论准备则是为讨论知识网络中热点和趋势的涌现服务的。

2.6 附录：仿真实验

2.6.1 无标度网络的 Matlab 模拟

```
% BA scale free networks (growth +preferential attachment)
% This fileis saved as baScalefree. m
function links = baScalefree ( initialPointNumber, increase  Edge
Number,tStep)

% variable initiate
mo=initialPointNumber;
m=increaseEdgeNumber;
t=tStep;
allPoints=mo+t;

%create linkMatrix and degree & distribution array
linkMatrix=spalloc(allPoints,allPoints,m * t);
degree(1:allPoints)= 1;
distribution(1:allPoints)= 1;
```

```
% preferential attachment
for step=mo+1:allPoints
    %select points with distribution
    selectNodes=selectPoints(m,distribution(1:step-1));
    % linkMatrix and degree update
    linkMatrix(step,selectNodes)= 1;

    degree(selectNodes)= degree(selectNodes)+1;
    distribution(selectNodes)= degree(selectNodes);
end

[u,v] =find(tril(linkMatrix));
links=[u,v];

save baScalefree linkMatrix links degree

% function of select points with its ratio
% This fileis saved as selectPoints. m
function sPoints=selectPoints(selectNumber,distribution)

% variable initiate
sNumber=selectNumber;
distr=distribution;
distrSum=sum(distr);
sPoints(1:sNumber)= 0;

% select process
while sNumber>0
    distrRand=rand * distrSum;
    i=1;
```

```
    while distrRand>0
        distrRand=distrRand-distr(i);
        i=i+1;
    end
    sPoints(sNumber)=i-1;
    distrSum=distrSum-distr(i-1);
    distr(i-1)=0;
    sNumber=sNumber-1;
end


%command line of draw distribution figure

h1 = figure;

array=sort(degree);

i=1;
j=1;
count=1;

countdegree(1,j)=array(i);
array(length(array)+1)=0;

for i=2:length(array)
    if countdegree(1,j)== array(i)
        count=count+1;
    else
        countdegree(2,j)=count;
        j=j+1;
        countdegree(1,j)=array(i);
```

```
            count = 1;
        end
    end

    Degree = sum(countdegree(2,:));
    countdegree(2,:) = countdegree(2,:)/Degree;

    loglog(countdegree(1,:),countdegree(2,:),'sr');

    hold on
    % expected distribution:
    Alpha = -3; % Alpha of the scale-free graph
    % define node degree distribution:
    XAxis = unique(round(logspace(0.3,log10(100),20)));
    YAxis = unique(round(logspace(0.3,log10(100),20))).^
(Alpha+1);
    loglog(XAxis,YAxis/sum(YAxis),'--b');

    xlabel('k,Degree(loglog chart)');
    ylabel('P(k)');
    title('Node Degree Distribution');
    legend({'indegree','\gamma=3'});
```

2.6.2 链接机制为随机链接的模拟

```
    % citation networks withgrowth + random attachment
    % This is file saved as citationRandom.m
    function links = citationRandom(initialPointNumber,increaseEdge
Number,tStep)

    % variable initiate
```

```
mo=initialPointNumber;
m=increaseEdgeNumber;
t=tStep;
allPoints=mo+t;

% create linkMatrix and degree & distribution array
linkMatrix=spalloc(allPoints,allPoints,m * t);
degree(1:allPoints)= 1;
ranDistribution(1:allPoints)= 1;

% random attachment
for step=mo+1:allPoints

    % random select
    select=selectPoints(m,ranDistribution(1:step-1));

    linkMatrix(step,select)= 1;

    degree(select)= degree(select)+1;

end

% triuMatrix=triu(linkMatrix);
[u,v]=find(tril(linkMatrix));
links=[u,v];

save citationRandom linkMatrix links degree
```

第 3 章　知识网络的结构生成

3.1　引言

研究科学知识演化的动力及规律是探讨知识演化问题的关键，而引文网络是研究知识演化问题的一个有效依托。知识的发展与演化是一个抽象的过程，其结构和表现形式难以直接获得，只能通过引文网络或共现网络等将其可视化与直观化，从而间接地进行研究。SCI 创始人 Garfield 等①很早便意识到科学引文网络可以反映科学知识之间传承、发展的关系，并且尝试利用引文网络研究科学知识发展的历史、脉络和结构；Bernal、Price、Leake 和 Shryock 等学者也均表示了对这一想法的认同，Garfield②针对几个领域的引文网络分析也证实了这一想法的有效性。

立足于统计物理学的方法，Price③ 对引文网络的连接度进行了细致分析，发现网络的连接度满足指数为 2.5 ~ 3.0 的幂率（power law）分布，而科学知识发展的累积优势（Cumulative Advantage）过程④是促成这种现象的根本原因，Price 将这一过程

---

① Garfield E. Citation Indexes for Science [J]. *Science*, 1955, 122: 108-111.

② Garfield E. *Citation Indexing—Its Theory and Application in Science, Technology, and Humanities* [M]. Philadelphia: ISI Press, 1983: 69-123.

③ Price D. J. Networks of Scientific Papers [J]. *Science*, 1965, 149: 510-515.

④ Price D. J. A General Theory of Bibliometric and Other Cumulative Advantage Processes [J]. *J. Amer. Soc. Inform. Sci.*, 1976, 27: 292-306.

理解为马太效应（Matthew Effect）的作用。马太效应在知识的时空分布上是普遍存在的，Simon①，Bradford②等也分别发现文章的词频分布、期刊分布和作者分布的极限形式均为幂率函数，这一发现已成为情报学领域最核心的规律之一。幂率分布也称为无标度（scale-free）分布，对于这一分布形成过程的更明晰表述是Barabási和Albert③作出的，他们通过引入增长（Growth）和择优连接（Preferential Attachment）机制构建了无标度网络的演化模型（BA模型），揭示了网络无标度特征形成的内在机理。Newman④比较了CA模型和BA模型，认为后者是前者的抽象和一般化，择优连接机制和优势积累过程本质意义上是一致的。而实际较大规模的统计分析却显示了一些差异，Redner⑤通过统计ISI（Institute for Scientific Information）1981—1997年的783 339篇文献及*Physical Review D*上20年的24 296篇文献，发现引文网络的入度分布具有指数约为3的幂率尾（power-law tail），但是在较低连接度区间上则存在明显的对幂率分布的偏离，即前部有一段形似指数分布的下弯。可见，除了马太效应之外，还有其他的因素影响科学知识网络演化的过程。

本章分别讨论3个问题：首先，探讨了时间在引证过程中的作用，第2节构建了基于时间优先连接的知识演化网络模型，考察了学者在引证过程中偏向新文献、新知识的行为，并且分析了时间择优和度择优之间的关系；其次，学者的知识创造过程一般是立足于

---

① Simon H. A. On a Class of Skew Distribution Functions [J]. *Biometrika*, 1955, 42: 425-440.

② Bradford S. C. Sources of Information on Specific Subjects [J]. *Engineering*, 1934, 137: 85-86.

③ Barabási A. L., Albert R. Emergence of Scaling in Random Networks [J]. *Science*, 1999, 286: 509-512.

④ Newman M. E. The Structure and Function of Complex Networks [J]. *Siam Review*, 2003, 45 (2): 167-256.

⑤ Redner S. How Popular is Your Paper? An Empirical Study of the Citation Distribution [J]. *Eur. Phys. J. B*, 1998, 4: 131-134.

有限知识领域的，从而引证过程也多是局限于一定领域的，第 3 节引入局域世界限制因素，探讨了基于局域世界的演化网络模型；最后，由于第 3 节构建的局域世界演化模型是一个静态模型，局域世界是固定不变的，这与现实情况不甚相符，并且知识网络同时兼具无标度和小世界特征，所以，在第 4 节中，构建了局域世界动态演变的、兼具无标度和小世界特征的知识网络模型。

3.2　时间的作用机制

时间是影响引证的另一个因素。Price① 很早便指出在参考文献利用上，人们除了引用经典文献之外，也倾向于使用最新发表的文献，他认为约有 50% 的引证与论文发表时间有关，30% 的引证与近期发表的文献是强相关的，而这 30% 之中约一半是对近 1 ~ 6 年发表的文章的引用，即使排除文献的指数增长影响，对近期文献的使用也会出现一个上升的趋势。然而在 BA 模型中，通过度择优使得后续节点更倾向于连接老节点，越早加入的节点具有越高的度，对新加入的节点的连接则较少。

可见，时间对连接机制具有重要的影响作用。本节对知识网络的分析也以引文网络为依据，尝试在科学知识网络的演化过程中考虑时间因素，构建科学知识网络的演化模型，分析网络的拓扑结构及演化特征，探讨知识演化的马太效应中潜隐的时间因素的影响，以及马太效应与时间效应之间的关系。

3.2.1　问题描述

在科学知识网络中，引证过程能很好地体现群体性行为的特征，能揭示知识继承与发展的过程，新知识产生的过程即表述为向科学知识网络中添加新节点的过程，新节点与已存节点之间的连接边则表示新知识对已存知识的继承、引用关系。基于 Redner 的统

---

① Price D. J. Networks of Scientific Papers [J]. *Science*, 1965, 149: 510-515.

计结果的特征，本节重点讨论入度分布的动力学成因。为了讨论的方便和模型的一般性，本节采用 CA 模型和 BA 模型中同样的方法，网络中每时间步增加一个节点。

对于新节点与哪些老节点建立连接边取决于连接的策略，本节中建立两种选择机制：度优先连接机制和时间优先连接机制。

1）度优先连接机制即新加入节点更倾向于连接高连接度的已存节点。实践显示，科学文献被越多的资料引证，则此文献被读者发现的几率越大，从而再次被引证的机会也越大。故本节认为在科学知识增长网络中，节点被连接的概率与此节点的入度成正比。

2）时间因素反映在择优连接机制上，需要考虑现实中人们对知识的继承和发展行为特征：人们偏向追逐研究前沿（Research Front），倾向于对最新研究成果的吸收和拓展。在科学知识网络中即为新节点更易于连接最近加入的节点。

3.2.2 演化模型

3.2.2.1 假设条件

科学知识网络的构成及演化受诸多因素影响，为了模型研究重点的突出及讨论的一般性，作出如下假设：

1）节点是同性质的，边也是同性质的；

2）每时间步增加一个节点；

3）节点的出度取定值；

4）择优连接受节点入度和节点加入时间的影响。

条件 1 保证科学知识网络的同质性、一致性，例如所有节点均代表期刊论文，边代表论文之间的引证关系；针对条件 2，在任意短的时间内，每步增加一个节点的假设是成立的；条件 3 取节点出度为确定值，即文献的参考文献数量平均值，Vazquez① 指出引文网络的出度服从指数分布，则平均值为入度分布的特征连接度；条件 4 忽略了其他影响条件，从科学知识网络的以往研究来看，上述

① Vazquez A. Statistics of Citation Networks [R]. Arxiv Preprint cond-mat/010503, 2001.

两个条件具有很强的代表性，度优先连接概率取线性关系①；因在信息空间中，人们对较近时间的信息反应敏感，而对于较远时间的信息则往往不加区别，故时间优先连接取为超线性关系。

3.2.2.2　模型构建

以增长和连接机制构建科学知识网络演化模型，将时间因素加入连接策略之中，模型的构造算法如下：

增长（Growth）：从一个具有 m_0 个节点的网络开始，每次引入一个新的节点。

连接（Attachment）：新节点连接到 m 个已存在的不同节点上（$m \leqslant m_0$），按如下概率选择节点进行连接操作：

1）以概率 p 连接新节点到一个已经存在的节点 i 上，连接的概率 $\prod(i)$ 与节点 i 的入度 k_i 成正比（度优先连接），即满足如下关系：

$$\prod(i) = \frac{k_i + 1}{\sum_j (k_j + 1)} \tag{3-1}$$

2）以概率 q 连接新节点到一个已经存在的节点 h 上，连接的概率 $\prod(h)$ 与节点 h 的加入时间 t_h 的 α 次方成正比（时间优先连接），即满足如下关系：

$$\prod(h) = \frac{t_h^{\alpha}}{\sum_l t_l^{\alpha}} \tag{3-2}$$

其中 $0 \leqslant p, q \leqslant 1; p + q = 1; \alpha > 1; i \cap h = \varnothing$。度优先连接中采用 $k_i + 1$，以保证入度为 0 的节点的连接概率不为 0。

3.2.3　模型分析

节点 i 在 t 时间步的入度为 k_i，在时间步 t 所有节点的入度和为 $\sum_i (k_i + 1) = t(m + 1) + m$，按照节点的入度选择优先连接的节点，

---

① Jeong H., Nda Z., Barabási A. L. Measuring Preferential Attachment in Evolving Networks [J]. *Europhys. Lett.*, 2003, 61: 567-572.

则连接概率 $\prod(i)=\frac{k_i+1}{\sum_j(k_j+1)}=\frac{k_i+1}{t(m+1)+m}$。每时间步只增加一个节点,不妨将时间步与节点号取等 $t_h=h$,由 $\sum_l t_l^\alpha=\sum_l l^\alpha\approx\int_1^t l^\alpha \mathrm{d}l\approx\frac{1}{\alpha+1}t^{\alpha+1}$,故有 $\prod(h)=\frac{t_h^\alpha}{\sum_l t_l^\alpha}\approx\frac{(\alpha+1)h^\alpha}{t^{\alpha+1}}$。采用均场方法(mean-field approach)①求解,上述模型的动力方程为:

$$\frac{\partial k_i}{\partial t}=m\left(p\frac{k_i+1}{\sum_j(k_j+1)}+q\frac{t_i^\alpha}{\sum_l t_l^\alpha}\right)=m\left(p\frac{k_i+1}{t(m+1)+m_0}+q\frac{(\alpha+1)i^\alpha}{t^{\alpha+1}}\right)\tag{3-3}$$

对于大 t 有:

$$\frac{\partial k_i}{\partial t}=mp\frac{k_i+1}{t(m+1)+m_0}\tag{3-4}$$

初始条件为 $k_i(i)=0$,求解得 i 节点在 t 时刻的度:

$$k_i=-1+\left(\frac{t+\frac{m_0}{m+1}}{i+\frac{m_0}{m+1}}\right)^\beta\tag{3-5}$$

指数 $\beta=pm/(m+1)$,认为 i 为 t 上的均匀分布,密度函数为 $\rho(i)=1/(t+m_0)$,则有概率函数:

$$P\{k_i(t)<k\}=P\left\{i>\left(t+\frac{m_0}{m+1}\right)(k+1)^{-\frac{m+1}{mp}}-\frac{m_0}{m+1}\right\}=1-\frac{1}{t+m_0}\left(t+\frac{m_0}{m+1}\right)(k+1)^{-\frac{m+1}{mp}}+\frac{m_0}{(t+m_0)(m+1)}\tag{3-6}$$

求解密度函数:

$$p(k)=\frac{\partial P\{k_i(t)<k\}}{\partial k}=\frac{m+1}{mp}(k+1)^{-\gamma}\tag{3-7}$$

---

① Barabási A. L., Albert R., Jeong H. Mean-field Theory for Scale-free Random Networks [J]. *Physica A*, 1999, 272: 173-187.

其中 $\gamma = 1 + (m+1)/mp$。解析结果显示,单纯入度驱动,即取 $p = 1$ 的增长网络是 $\gamma \approx 2$ 的无标度网络,而当 $p = (m+1)/2m$ 时, $\gamma = 3$;而当 $p \in [(m+1)/2m, (m+1)/1.5m]$ 时, $\gamma \in [2.5, 3.0]$。

上述结果是在 t 为大值时的解析解,公式(3-4)中忽略了无穷小 $(\alpha+1)i^{\alpha}/t^{\alpha+1}$,下面单独对时间优先连接机制进行分析,即取 $q=1$, $p=0$,仅考虑时间因素,则有:

$$\frac{\partial k_i}{\partial t} = m\frac{(\alpha+1)i^{\alpha}}{t^{\alpha+1}} \tag{3-8}$$

解得:

$$k_i = \frac{m(\alpha+1)}{\alpha}\left[1 - \left(\frac{i}{t}\right)^{\alpha}\right] \tag{3-9}$$

固定 t,则 k_i 随 i 单调减少,当 $t \to \infty$ 时,有 $k_i = m(\alpha+1)/\alpha$。同样求解:

$$\begin{aligned} P\{k_i(t) < k\} &= P\left\{i > t\left(1 - \frac{\alpha k}{m(\alpha+1)}\right)^{1/\alpha}\right\} \\ &= 1 - \left(1 - \frac{\alpha k}{m(\alpha+1)}\right)^{1/\alpha} \end{aligned} \tag{3-10}$$

有 $1 - \alpha k/m(\alpha+1) \geqslant 0$,即 $k \in [0, m(\alpha+1)/\alpha]$,计算密度函数:

$$p(k) = \frac{\partial P\{k_i(t) < k\}}{\partial k} = \frac{1}{m(\alpha+1)}\left(1 - \frac{\alpha k}{m(\alpha+1)}\right)^{-\gamma} \tag{3-11}$$

其中 $\gamma = 1 - 1/\alpha$。均场方法在低连接度区域会出现较大的偏差,上述密度函数仅作为参考,对于大致估计度区间起一个辅助作用。

由上可见,在大时间范围内,演化模型遵循幂率分布,且当度优先连接概率 $p = (m+1)/2m$ 时,形成指数 $\gamma = 3$ 的无标度网络。而对时间优先连接机制而言,连接度收敛于确定值,即 $k \to m(\alpha+1)/\alpha$ $(t \to \infty)$,在整个区间上是近似均匀的,对整体连接度的影响作用有限。

分别对 $p=1$ 和 $q=1$ 的情况进行求解,如图 3-1 所示。度优先策略倾向于连接较早产生的节点,后加入节点的连接度较低,时间优先连接策略则对较晚产生的节点的选择较多,而相对度优先策略来说,最近时间连接对于低连接度区域产生较大影响,即对后加入节点影响较大,而对高连接度区域的影响则比较小。

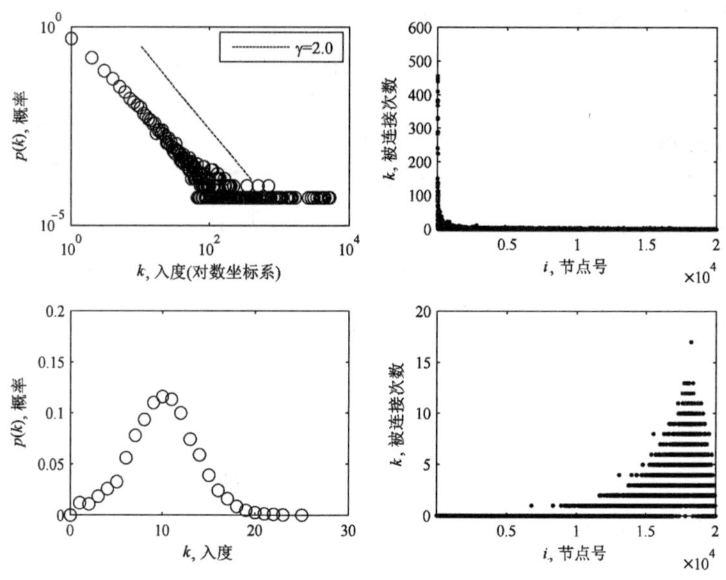

图 3-1　度优先、时间优先网络连接数比较

注:左上、右上图是仅采用度优先连接($p=1,q=0$)时的统计图,左下图、右下图是仅采用时间优先连接($p=0,q=1,\alpha=10$)时的统计图。

3.2.4　仿真实验

对演化模型采用编程实现，主要考察两个方面的问题：一是演化模型的度分布；二是考察加入时间优先机制后，其作用力如何，演化网络中是否仍然是先加入节点连接度越高；三是截取一定时间段节点，考察它们所连接的节点在整个时间区间上的分布。具体过程与结果如下：

3.2.4.1 实验数据

采集了ISI上SCIE(1999年1月—2010年12月)数据库中*Cell*及其系列子刊(包含*Cell*, *American Journal of Human Genetics*, *Structure*, *Immunity*, *Neuron*, *Developmental Cell*, *Chemistry & Biology*, *Current Biology*, *Molecular Cell*等9种期刊)的文献题录。之所以选择*Cell*及其系列子刊的原因有两点:①生命科学的研究具有一定的独立性,与其他学科之间的交叉性较少,能形成一个相对自足的系统;②由于*Cell*及其系列子刊的数据在SCIE上较齐全,方便获取。

通过精炼子集方式仅包含Article、Proceedings paper两种文献类型,排除了Editorial material、Review等类型。选择精炼子集的原因是前两种类型能较好地体现知识的创新和继承关系,且文献在写作模式上具有很好的一致性;而Review等属于总结、概括性的文献,与前述几种具有较大的差别,因此本节中没有对其进行考虑,而仅选择了前两种,得到21 992条有效数据。对数据作出以下处理:

1)数据一致性处理。为保持网络数据类型的一致性,对数据的参考文献进行过滤,排除图书、网址等非上述两种主要类别的其他参考文献,得到以下数据:总记录数19 698,总参考文献数373 697,平均参考文献数量$\langle k\rangle=18.97$,题录时间跨度13年(1998—2010),被引文献时间跨度343年(1667—2010),被引文献中1990年前发表数据占总体的12.73%。

2)子网络提取,提取1998年12月至2010年12月所生成的节点的子图,共计节点数17 340,边数52 168,平均连接数$\langle k\rangle=3.01$。提取子网络进行实验的原因是1998年之前的文献节点只在参考文献中表现出来,只有入度值而没有出度值,因而1998年之前的子图是所有节点都孤立的完全分离图,而本模型的构造起始于连通图(connected graph),所以只选取具有完整数据的子网络作为考察对象。

统计两个方面的情况:一是实验数据的入度分布;二是截取2010年发表的1 831篇文献,统计其所引用文献的年代分布。如图

3-2 所示：①入度分布具有幂率尾，前端向下弯曲，此点与 Redner 的统计分布图①在直观上是一致的；②出度分布弯曲弧度明显，为指数分布，这一点和 Vazquez 的结果②是一致的，具有特征连接度可以确定。③右图显示 2010 年论文对近期文献的利用较多，快速上升，这与 Price 的统计③也是一致的。

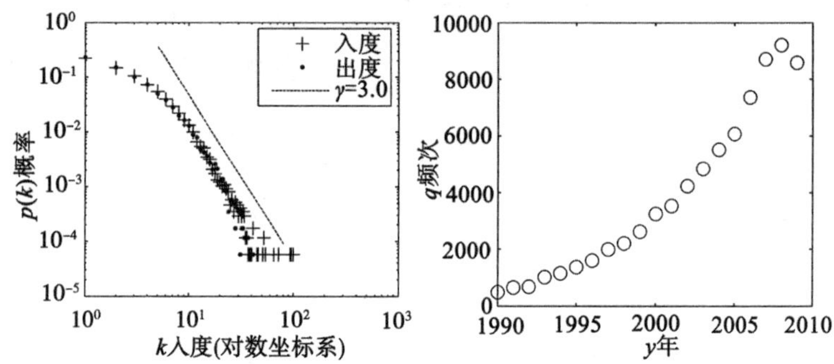

图 3-2　引证网络统计图(ISI，Cell 系列子刊，2010 年)

注：左图是度分布图，包括入度分布和出度分布；右图是 2010 年发表论文的参考文献的年代分布，截取的是 1990—2010 年段。

3.2.4.2　仿真分析

分别取两组数据进行仿真。第一组：平均连接数为 $<k>=18.97$，取整数 $m_1=19$ 进行实验，幂指数取 3，则度优先连接的概率应为 $p_1=(m_1+1)/2m_1=0.526$，则 $q_1=0.474$，$\alpha=2$ 进行测试。图 3-3 是第一组数据的测试结果，运算次数为 N=50 000 次，其中，中图和右图中 i 既可表示时间步，又可表示节点号。

第二组：在子图中平均连接数为 $<k>=3$，取 $m_2=3$，故有

① Redner S. How Popular is Your Paper? An Empirical Study of the Citation Distribution [J]. *Eur. Phys. J. B*, 1998, 4: 131-134.

② Vazquez A. Statistics of Citation Networks [R]. Arxiv Preprint cond-mat/010503, 2001.

③ Price D. J. Networks of Scientific Papers [J]. *Science*, 1965, 149: 510-515.

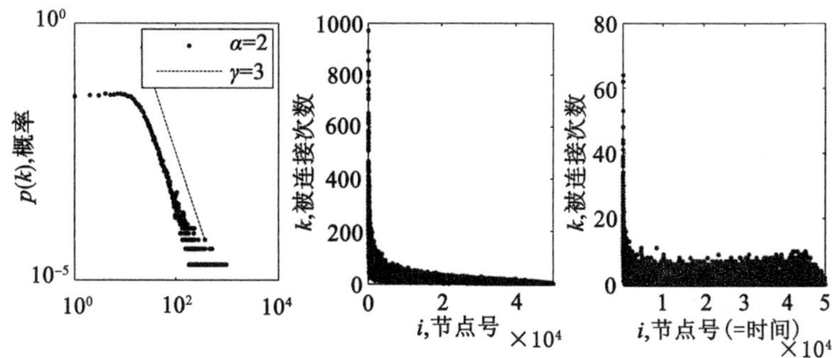

图 3-3　度优先和时间优先网络的连接数统计(*alpha* 值=2)

注：左图是节点的度分布图，中图是节点(按加入时间排列)的被连接次数散点图，右图是最后加入的5 000个节点所连接节点在时间上的分布图。

$p_2 = (m_2 + 1)/2m_2 = 0.667$ 和 $q_2 = 0.333$，$\alpha = 10$ 进行测试。

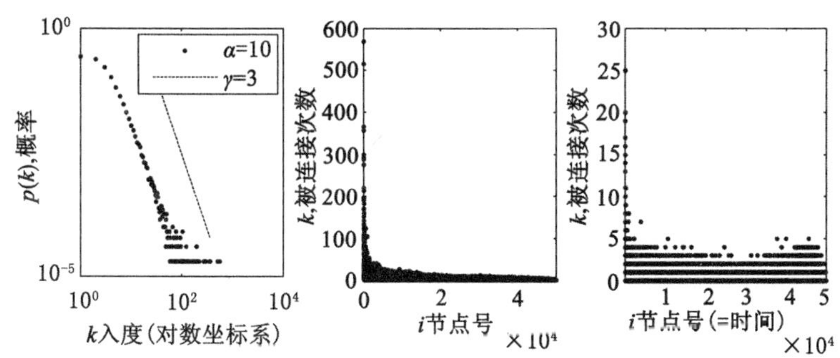

图 3-4　度优先和时间优先网络连接数统计(*alpha* 值=10)

注：左图是节点的度分布图，中图是节点(按加入时间排列)的被连接次数散点图，右图是最后加入的5 000个节点所连接节点在时间上的分布图。

如图 3-3、图 3-4 所示，度分布有幂率尾，指数 $\gamma = 3$，与前文的要求是一致的，模拟结果在分布曲线前端对幂函数产生了一定偏离，呈现下弯形态，且下弯幅度随着 α 值增大，度分布曲线前部下弯、时间分布后部翘尾的幅度均增大，可见，时间优先连接机制明显降低了低连接度节点的比例；对于总体节点(如图 3-4 所示)，显示先加入节点连接度高，仍然保持幂率分布的图形特征。

对应图 3-2(中)，观察图 3-3、图 3-4 后部形态：仿真中截取了[45 000，50 000]上生成的节点对前续节点的连接情况，对于最后加入的 5 000 个节点所连接节点在时间上的分布后部上翘，图 3-3、图 3-4(右)前部和后部连接较多，中部分布较为均匀。图 3-3、图 3-4(左)头部，图 3-3、图 3-4(右)后部，弯曲的幅度均随 α 的增大而增大，这与时间优先连接机制的作用强度是相关的。

3.2.4.3 实验结果

演化模型度分布模拟结果与实际统计结果在形态上基本相似，但也存在一些差异，主要是前端弯曲区段较小，而实际统计结果中前端区域则较长。需要指出的是，演化模型中前端弯曲程度与参数 α 的取值有关，当取值较大时，下弯幅度越大，取值较小时则会平缓下弯。

关于时间分布上的尾部上翘，图 3-2(右上)图是一段截取的时间区间，只有尾部形态，这与图 3-3(右)的尾部是一致的。而对于其他区段的特征，Price 指出人们对经典文献和近期文献引用较多①，而其他部分的引用则是随机的，高连接度节点对应科学知识网络中的奠基性经典文献，而最后加入的节点则对应研究前沿。这一说法与图 3-3、图 3-4(右)在图形形态上基本是一致的，前部的高连接度节点受到持续关注，后部的新文献也引用较多，其他部分则是较为平缓地随机均匀分布。

图 3-3、图 3-4(左)显示知识演化模型仍然具有幂率分布的图形特征，可见时间优先连接机制的影响是局部的、区段性的，它的加入没有改变曲线总体的度择优特征。即优势积累效应的作用是全局性的，而时间优先连接机制的作用是局部的，时间优先只能促成短时的连接快速上升，对全局的幂率分布影响不大。

3.2.5 结果讨论

度择优保证了对重要的高连接度节点的持续关注，而时间优先机制则显示了对新近节点的热衷，本节综合此两机制构建了择优和

① Price D. J. Networks of Scientific Papers [J]. *Science*, 1965, 149: 510-515.

时间优先混合作用的科学知识网络演化模型，以下就文中存在的几点问题作一些讨论：

1)科学知识网络连接机制的影响因素是多方面的，很明显的一个方面是随机连接，Barabási 和 Albert 很早便证明了随机连接机制作用形成的增长网络度分布为指数函数①，即当 $\partial k_i/\partial t = m/(m_0+t)$，得到 $p(k) \propto e^{-k/m}$。倘若如前文的分析要保证指数为3的幂率尾，则需 $p=(m+1)/2m>0.5$，而根据 Price 研究②，又 $q>0.3$，故其他影响因素的作用程度大致在 0.1，相对度择优和时间优先连接来说，作用效果较小。

2)度择优导致了科学知识网络中马太效应现象的出现。马太效应虽然为知识学习提供了方便，但是妨碍了知识的更新换代和新知识的脱颖而出，如何平抑马太效应的不利影响一直是情报学家关心的一个重要课题。但是考虑时间因素的影响，人们在知识利用中不但倾向于利用经典知识，对新知识也给予了很大关注，从而自发的克服了马太效应的影响。且由于时间择优本身形成一个有特征标度的分布，如图 3-1(左下)所示，对每一知识点的连接数是均匀的 $k \to m(\alpha+1)/\alpha \ (t \to \infty)$，所以这也在一定程度上体现了所有知识在最初产生时在人们看来是平等的，而不仅仅是马太效应所体现的差别对待。

3)本节的时间优先连接造成了一种后发优势，其形成的结果与现实的统计在直观上是一致的。由模型分析可见，时间优先连接机制不会改变连接度的幂率分布整体特征，其作用是局部的。当然要满足特定的幂率分布指数 γ，时间效应的作用概率 q 就是一定的了。改变 p 和 q 值，γ 可以取到 [2.5，3.0] 区间内的任意数值。

4)时间优先连接的作用强度。对于 α 的取值问题，需结合实际的问题，例如电子、纳米等学科更重视最新文献，α 宜取较大值，而物理、化学、数学等学科则更重视经典文献资料，α 则可取较小值。

---

① Barabási A. L，Albert R. Emergence of Scaling in Random Networks [J]. *Science*，1999，286：509-512.

② Price D. J. Networks of Scientific Papers [J]. *Science*，1965，149：510-515.

5)出度对节点的连接度也是有影响的，比如涉及大量参考文献的综述类论文，被参考引证的次数通常也较多。这一点在本节中没有作重点考虑，这是因为：其一，科学文献的出度与度连接增长之间没有直接的联系，其影响程度弱于入度的直接驱动；其二，本节演化模型中节点的出度取的是定值，考虑进去没有太大意义。不过，出度的影响也可以作为后续的一个探讨主题。

本节着重探讨了知识演化过程中的时间因素影响，基于演化网络的方法与理论，构造了科学知识网络演化模型，分析了马太效应与时间效应之间的关系。演化模型引入了度择优和时间优先两种连接机制，其中度优先连接机制保证了对重要知识的连接，而时间优先连接机制则促成对最新知识的接收和知识的更新，两种机制的结合形成了知识演化在研究基础与研究前沿之间的平衡。模拟结果显示，度择优的作用是全局性的，而时间优先连接机制的作用则是局部的，它只能促成连接数的短时快速上升，不能改变全局的大趋势。

文中对于时间优先连接取超线性关系，其实指数关系、对数关系也是可以考虑的，这在下一章中进行了讨论。此外，本节构建的演化网络模型是一个一般化模型，对论文图书引文网络、专利网络等均具有一定的解释作用，然而其与实际网络仍然有一些不同，比如聚类系数、特征路径长度等均有实际网络存在一定差异，这与实际网络的层次结构有关，涉及更细致的拓扑建模，本节中没有作为重点，本章第 2 节、第 3 节对相关问题进行了讨论。

3.3 局域演化网络

科学知识网络的演化具有其独特的复杂性，相比 BA 网络①、CA 模型②，主要的差异体现在择优机制上：BA 网络、CA 模型均

① Barabási A. L., Albert R. Emergence of Scaling in Random Networks [J]. *Science*, 1999, 286: 509-512.

② Price D. J. A General Theory of Bibliometric and Other Cumulative Advantage Processes [J]. *J. Amer. Soc. Inform. Sci.*, 1976, 27: 292-306.

是基于全局的择优，现实中人们倾向于选择接收距离自己较近(空间上、时间上)的知识：首先，表现在空间上，人们倾向于在自己熟知的知识领域内发展，跨领域的知识继承与创造相对较少，这是学科的分化及人的视阈受限所造成的，即科学知识网络是基于局域择优的；其次，表现在时间方面，如上一节所述，这一点在引文网络上得到了很好的体现，Price①、Burton 和 Kebler②、Avramescu③等对学术文献引证的研究也发现，离当前时间越近的学术论文得到的引用也越多。

基于上述两点原因，本节尝试构建科学知识网络的多局域世界环境，在演化过程中综合考虑交叉连接、时间驱动及节点度驱动三个条件，建立科学知识的演化网络，分析其拓扑结构与演化过程。

3.3.1　问题描述

Li 和 Chen④ 构建了基于局域世界(Local-world)的演化网络模型，先随机圈定 M 个节点构成局域世界，新接入节点只与局域世界内部节点发生连接。而在科学知识领域，科学研究人员的学科背景、研究领域却是较为稳定的，故局域网络也是确定的。虽然在知识发展过程中会伴随新学科的出现，但此种情况是缓慢和较少的，所以本节也不考虑新局域世界的出现的情况。

对于新节点与哪些老节点建立连接边取决于连接的策略，本节中建立 3 种选择机制：交叉连接机制、时间优先连接机制和度优先连接机制，其中度优先连接机制和时间优先连接机制与上一节所述相同。

---

① Price D. J. Networks of Scientific Papers [J]. *Science*, 1965, 149: 510-515.

② Burton R. E., Kebler R. W. The "Half-life" of Some Scientific and Technical Literature [J]. *American Documentation*, 1960, 11: 18-22.

③ Avramescu A. Actuality and Obsolescence of Scientific Literature [J]. *Journal of the American Society for Information Science*, 1979, 30: 296-303.

④ Li X., Chen G. A Local World Evolving Network Model [J]. *Physica A*, 2003, 328: 274-286.

知识领域交叉形成对其他局域世界的外部连接，连接节点的选择也遵循度优先连接机制，Price 指出外部连接占参考文献总体的10%左右①，其影响程度在科学知识演化过程中也是较大的。

3.3.2 构造算法

在上一节4点假设的基础上增加一条假设条件，即择优是基于局域世界的，且局域世界的数量假定不变。一般认为学科、知识领域具有稳定性，全新学科的出现在短期内是较少的，故本节假定局域世界的数量是一定的。

以增长和连接机制构建基于局域演化的科学知识网络模型，在择优连接中综合考虑交叉连接、度择优和时间优先条件，模型的构造算法如下：

1）增长：初始有 s 个孤立的局域世界，在每个局域世界内部均有 m_0 个节点，随机选择局域世界 N 和外部局域世界 N'，每次引入一个新的节点；

2）连接：新节点连接到 m 个已存在的不同节点上（$m \leqslant m_0$），按如下概率选择节点进行连接操作：

① 以概率 p 选择入度择优连接机制，连接新节点到局域世界 N 中一个已经存在的节点 i 上，连接概率 $\Pi(i)$ 与节点 i 的入度 k_i 成正比 $\prod_i = (k_i + 1) \Big/ \sum_{j \in N}(k_j + 1)$；

② 以概率 u 选择交叉连接机制，连接新节点到另一个随机选择的局域世界 N' 中，节点选择采用①中同样的入度择优连接机制；

③ 以概率 q 选择时间优先连接机制，连接新节点到一个已经存在的节点 h 上，连接概率 $\Pi(h)$ 与节点 h 的加入时间 t_h 的 λ 次方成正比 $\prod_h = t_h^\lambda \Big/ \sum_{l \in N} t_l^\lambda$。

其中 $0 \leqslant p, q, u \leqslant 1$，$p + q + u = 1$，$\lambda > 1$，$i \cap h = \varnothing$。度优先连接中采用 $k_i + 1$，以保证入度为0的节点的连接概率不为0。

---

① Price D. J. Networks of Scientific Papers [J]. *Science*, 1965, 149: 510-515.

3.3.3　模型分析

分析局域世界 N 中节点 i 在 t 时间步的入度 k_i，局域世界被选为 N 的概率为 $\frac{1}{s}$，被选作 N' 的概率为 $\frac{s-1}{s}\times\frac{1}{s-1}=\frac{1}{s}$。在时间步 t 平均每个局域世界包含 t/s 个节点，则局域世界节点的入度和为 $(m+1)t/s+m$，按照节点的入度选择优先连接的节点，则连接概率 $\prod_i=\frac{k_i+1}{\sum_{j\in N}(k_j+1)}=\frac{k_i+1}{(m+1)t/s+m_0}$。初始节点的时间步均取为 1，忽略初始节点的时间影响，时间步与节点号取等 $t_l\approx l$，又由于时间优先连接是相对于本局域世界 N 而言的，t 时间步局域世界中的节点数平均为 t/s，故有：$\sum_{l\in N}t_l^\lambda=\sum_{l\in N}l^\lambda\approx\int_1^{t/s}l^\lambda\mathrm{d}l=\frac{1}{\lambda+1}[(t/s)^{\lambda+1}-1]\approx\frac{1}{\lambda+1}(t/s)^{\lambda+1}$。则全局中 i 时间步加入的节点在局域世界中的平均次序为 i/s，又有 $\prod_h=\frac{t_h^\lambda}{\sum_{l\in N}t_l^\lambda}\approx\frac{(\lambda+1)(h/s)^\lambda}{(t/s)^{\lambda+1}}=\frac{s(\lambda+1)h^\lambda}{t^{\lambda+1}}$，采用均场方法（mean-field approach）①求解，上述模型的动力方程为：

$$\frac{\partial k_i}{\partial t}=\frac{1}{s}\times m\left(p\frac{k_i+1}{\sum_{j\in N}(k_j+1)}+q\frac{t_i^\lambda}{\sum_{l\in N}t_l^\lambda}\right)+\frac{s-1}{s}\times\frac{1}{s-1}\times mu\frac{k_i+1}{\sum_{j\in N'}(k_j+1)}$$
$$=\frac{m}{s}\left(p\frac{k_i+1}{(m+1)t/s+m_0}+q\frac{s(\lambda+1)i^\lambda}{t^{\lambda+1}}+u\frac{k_i+1}{(m+1)t/s+m_0}\right)\qquad(3\text{-}12)$$

对于大 t 有：

---

① Barabási A. L., Albert R. Emergence of Scaling in Random Networks [J]. *Science*, 1999, 286: 509-512.

$$\frac{\partial k_i}{\partial t} \approx \frac{m(p+u)}{s} \frac{k_i+1}{(m+1)t/s+m_0} \tag{3-13}$$

初始条件为 $k_i(i)=0$,求解得 i 节点在 t 时刻的度:

$$k_i = -1 + \left(\frac{t+\frac{sm_0}{m+1}}{i+\frac{sm_0}{m+1}} \right)^{\beta} \tag{3-14}$$

动力学指数 $\beta = \frac{(p+u)m}{m+1}$,认为 i 为区域世界中 t/s 时间步上的均匀分布,密度函数为 $p(i) = \frac{1}{m_0+t/s}$,则有概率函数:

$$\begin{aligned} P\{k_i(t) < k\} &= P\left\{ i > \left(t+\frac{sm_0}{m+1}\right)(k+1)^{-\frac{m+1}{(p+u)m}} - \frac{sm_0}{m+1} \right\} \\ &= 1 - \frac{s}{t+sm_0}\left(t+\frac{sm_0}{m+1}\right)(k+1)^{-\frac{m+1}{(p+u)}} + \\ &\quad \frac{s^2 m_0}{(t+sm_0)(m+1)} \end{aligned} \tag{3-15}$$

对大 t,求解密度函数:

$$p(k) = \frac{\partial P\{k_i(t) < k\}}{\partial k} = \frac{m+1}{(p+u)m}(k+1)^{-\gamma} \tag{3-16}$$

其中 $\gamma = 1 + \frac{m+1}{(p+u)m}$。解析结果显示,入度驱动中若取 $p+u=1$,增长网络是 $\gamma \approx 2$ 的无标度网络,而当 $p+u=\frac{m+1}{2m}$ 时,$\gamma=3$。

上述结果是在 t 为大值时的解析解,忽略了无穷小量 $\frac{s(\lambda+1)i^{\lambda}}{t^{\lambda+1}}$,下面单独对时间优先连接机制进行分析,仅考虑时间因素,则有:

$$\frac{\partial k_i}{\partial t} = m\frac{s(\lambda+1)i^{\lambda}}{t^{\lambda+1}} \tag{3-17}$$

解得:

$$k_i = \frac{ms(\lambda+1)}{\lambda}\left[1-\left(\frac{i}{t}\right)^{\lambda}\right] \tag{3-18}$$

固定 t，则 k_i 随 i 单调减少，而当 $t \to \infty$ 时，有 $k_i = \dfrac{ms(\lambda + 1)}{\lambda}$。

由上可见，在大时间范围上，演化模型遵循幂率分布，且当 $p + u = \dfrac{m + 1}{2m}$ 时，形成指数 $\gamma = 3$ 的无标度网络。而对时间优先连接机制而言，连接度收敛于确定值，即 $k_i \to m$，$(t \to \infty)$，在整个区间上分布是近似均匀的，对整体连接度的影响作用有限。

为了对入度择优和时间优先选择两种机制有更清楚的认识，对两种机制分别进行仿真模拟，如图3-5所示。度优先策略倾向于连接较早产生的节点，后加入节点的连接度较低，时间优先连接策略则对较晚产生的节点的选择较多，而相对度优先策略来说，时间优先连接对于低连接度区域产生较大影响，即对后加入节点影响较大，而对高连接度区域的影响则比较小。

3.3.4 仿真实验

对演化模型采用编程实现，主要考察四个方面的问题：其一是演化模型的度分布；其二是考查引入时间优先机制后演化网络的连接偏好；其三是截取一定时间段节点，考查它们所连接的节点在时间上的分布；其四，考查局域世界之间的关系。具体分析如下：

3.3.4.1 参数设计

Vazquez① 对 ISI 在 1981 年至 1997 年的 783 339 篇文献及 *Physical Review D* 上 20 年的 24 296 篇文献的统计得到：论文平均参考文献数量为 $< k > = 8.57$；随着科技和信息技术的发展，Biglu 的最新统计②发现当前学术论文的平均参考文献数量有了较大幅度的增长，不过根据我们的多数值仿真实验，认为这对上文中结论没有影响；故而，本节中取为整数 $m = 9$，则概率 $p + u = (m + 1)/2m =$

① Vazquez A. Statistics of Citation Networks [R]. Arxiv preprint cond-mat/010503, 2001.

② Biglu M. H. The Influence of References Per Paper in the SCI to Impact Factors and the Matthew Effect [J]. *Scientometrics*, 2008, 74(3): 453-470.

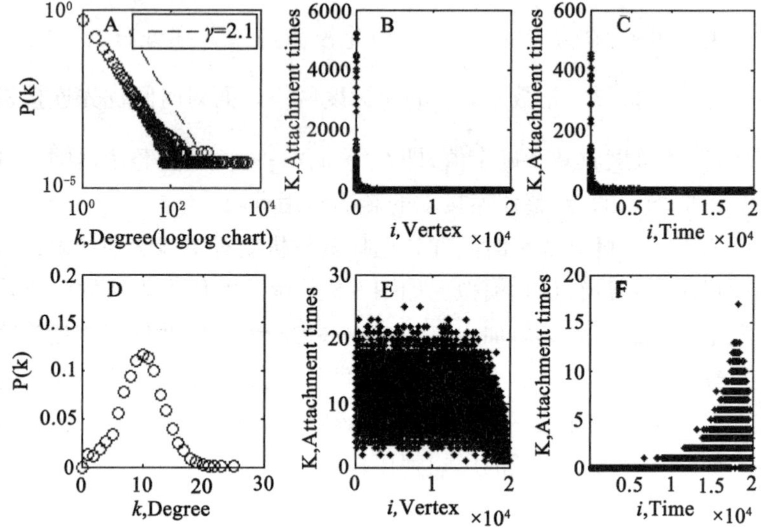

图 3-5　度优先与时间择优的比较统计图

注：取 $m_0=10$，$m=9$，时间优先连接中 $\lambda=5$，运算次数均为 $N=20\ 000$。图 3-5 中 A、B 和 C 是仅采用入度优先连接的演化网络的统计图，图 3-5 中 D、E 和 F 是仅采用时间优先连接的演化网络统计图。A、D 表示入度分布，可见 A 为无标度分布，而 D 则具有特征标度；B、E 表示节点(按加入时间次序)的被连接次数分布，纵轴表示节点号，即 i 时间步加入的节点，在入度驱动的无标度网络中，越早加入的节点连接度越高，而时间优先连接则分布较为均匀；C、F 表示[19 000，20 000]时间步加入的 1 000 个节点所连接节点在时间上的分布，对于时间优先连接网络，晚加入节点被连的概率快速上升，表明了对新近加入节点的明显偏好。

0.556。Price 的统计①认为约有 10% 的参考文献是指向外部领域的，故取 $u=0.1$，则可得 $p=0.456$。另外，他还指出 50% 的参考文献是与近期发表文献相关的，30% 是强相关的。取 $q=0.444$，λ 取大于 1 的数，本实验中取 2 到 10 之间的数值进行模拟测试。

① Price D. J. Networks of Scientific Papers[J]. *Science*, 1965, 149: 510-515.

3.3.4.2　实验结果

如图 3-6 所示，度分布有幂率尾，且指数为 $\gamma \approx 3$，这与实际统计的引文网络是一致的，在分布曲线前端对幂函数产生了下弯形态偏离，且下弯幅度随 λ 值的增大而增大，可见时间优先连接机制明显降低了低连接度节点的比例。

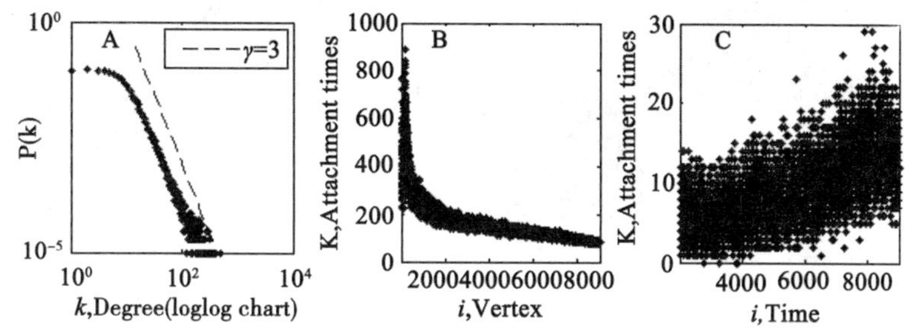

图 3-6　局域演化网络度、连接数统计图

图 3-6 中，局域世界取为 $s = 10$，$\lambda = 2$，运算次数为 $N = 100\ 000$ 次；左图 A 是节点度分布图；图 B 是将 10 个局域世界叠加在一起，节点(按加入时间排列)的被连接次数散点图；右图 C 截取各个局域世界中第 8 000 至 9 000 加入的 10×1 000 个节点，所连接的节点在[2 000，9 000]时间段上的分布图。测试结果显示随着 λ 值增大，度分布曲线前部下弯、时间分布尾部上翘的幅度均增大。

对应 Redner 的统计结果①，截取各个局域世界中[2 000，9 000]时间段，考察[8 000，9 000]时间步加入的节点所连接的前续节点的分布。之所以不取前部是因为各个局域世界不一定同时产生，而各自截取中间一段叠加在一起则可排除头、尾部的影响。分布显示：连接在时间上的分布图后部上翘，且上翘幅度也随 λ 的增大而增大，这与时间优先连接机制的作用强度是相关的。

对于局域世界之间的关系，如图 3-7 所示。由于矩阵散点图点

① Redner S. How Popular is Your Paper? An Empirical Study of the Citation Distribution [J]. *Eur. Phys. J. B*, 1998, 4: 131-134.

阵密集，为了图形显示清晰，仅取前3 000时间步的运行结果，其总体图形特征和统计特征与运行 100 000 次的结果从直观视觉形态上判断是一样的。

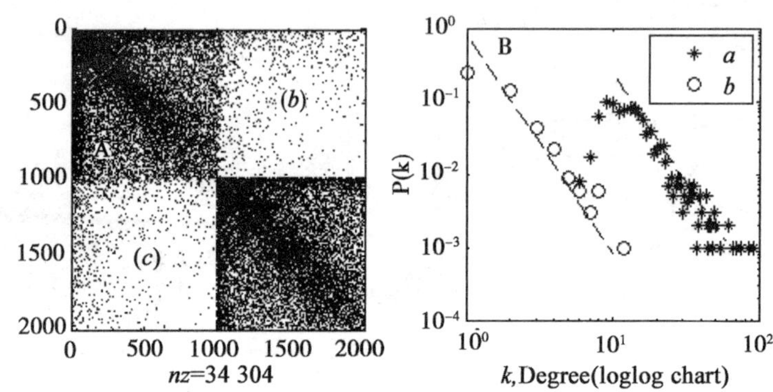

图 3-7　局域世界内的连接散点与度分布统计图

注：局域世界取为 $s = 10$，$\lambda = 2$，运算次数为 N=3 000 次，截取前两个局域世界及其交叉连接区域；左图 A 是矩阵散点图，其中(a)、(d)表示局域世界，(b)、(c)是交叉连接区域，可见，对于局域世界，先加入节点连接较密集，对角线上连接也很密集，而交叉连接区域，对先加入的节点连接较多；右图(B)中(*)表示(a)区域的连接度分布，(○)表示(b)区域的连接度分布，(~~~)表示幂指数为 3。

3.3.4.3　结果分析

节点连接度分布：如图 3-6(A)，演化模型度分布模拟结果与实际统计结果①在形态上相似，均在头部出现类似指数分布的下弯，也存在一些差异，主要是前端弯曲区段较小，实际统计结果中前端区域则较长。需要指出的是，演化模型中前端弯曲程度与参数的取值有关，当取值较大时，下弯幅度越大。

节点的被连接情况：图 3-6(B)将 10 个局域世界叠加在一起，

---

① Redner S. How Popular is Your Paper? An Empirical Study of the Citation Distribution [J]. *Eur. Phys. J. B*, 1998, 4: 131-134.

统计节点的被连接次数，可见，先加入的节点被连接次数多，时间优先连接机制没有影响整体的幂率分布特征。从图3-6(C)可见，时间优先连接机制促使对新近节点的连接，但是这个机制没有对整体节点的连接特征带来太多影响。

节点在截取的时间段上的分布：对应Price的统计结果①，截取一个时间区间，比较尾部形态。实验中截取[2 000，9 000]时间段上的节点，考查[8 000，9 000]上生成的节点对前续节点的连接情况，如图3-6(C)所示，是一个上升的趋势，与Price的分析是一致的，图形形态上与它的统计图也基本符合。Price指出人们对经典文献和近期文献引用较多，高连接度节点对应科学知识网络中的奠基性经典文献，而最后加入的节点则对应研究前沿。这一说法与图3-6(C)在图形形态上基本是一致的，前部的高连接度节点受到持续关注，后部的新文献也引用较多。

局域世界之间的关系：如图3-7(A)所示，局域世界(a)和交叉连接区域(b)均为指数为3的幂率分布，越早加入的节点被连接越多，注意小矩阵(a)为对称矩阵，而(b)则不是对称矩阵，小矩阵(b)的下半阵表示局域世界(a)对局域世界(b)的连接情况，上半阵反之；另一个特征是局域世界(a)、(b)的对角线上的点也很密集，这表示对新近的节点连接很多。总体而言，整体和局部之间具有一定的自相似特征，聚类系数较单纯的BA网络也会更大。

3.3.5　结果讨论

针对模型分析和实验结果，分别从模型中的三个连接策略和知识网路的拓扑结构等几个方面进行讨论：

1)本节采用复杂网络的方法，通过构建局域世界，并且在增长网络中引入交叉连接、度择优连接、时间优先连接，反映知识的集聚、交叉、继承和发展关系。这与Price所建立的累积优势模型

---

① Price D. J. Networks of Scientific Papers [J]. *Science*, 1965, 149: 510-515.

是一脉相承的，并且在细节上进了一步，分析了其中的时间效应，增加了人类的视域限制特征。然而，分析还有待进一步深入，比如，对于时间效应的作用强度，本节没有得出确切的数值，这需要结合实际数据作进一步的实证研究。

2)局域世界与交叉引用。考虑到新学科的产生在时间上跨度较大，也为了分析问题的方便，本节中构建的局域世界是稳定的，而交叉引用采用的是跨区域的度择优连接策略。构建局部区域和交叉引用连接机制的原因有两点：一是交叉连接描述知识领域交叉；二是满足区域内的内聚性，使得在区域内可以形成较大的聚类系数。不过，随着网络规模的扩大，这样一种静态预定区域数的做法仍然免不了整个网络集聚性下降的趋势。所以，更充分的认识是局域世界数量是动态增长的，对于这个问题，本节没有作进一步的研究，可以成为下一步的研究主题。

本节提出的局域世界演化网络是静态的，局域世界数量在一开始便已确定，而实际知识网络更满足动态局域世界特征，下一节所构造的生成模型可以形成一个局域动态网络。

3.4 结构生成模型

知识管理学领域对知识网络拓扑结构的研究早在20世纪50年代就已经开始,小世界特征即平均最短路径长度和高聚类系数,反映知识的强领域划分和普遍关联性。Cancho和Sole等①、刘知远等②、Newman③、

① Cancho R. F. I., Sole R. V. The Small World of Human Language[C]. Proceedings of the Royal Society of London Series B-Biological Sciences, 2001, 268(1482): 2261-2265.

② 刘知远，郑亚斌，孙茂松. 汉语依存句法网络的复杂网络性质[J]. 复杂系统与复杂性科学，2008，5(2)：1-9.

③ Newman M. E. The Structure and Function of Complex Networks[J]. *Siam. Review*, 2003, 45(2): 167-256.

Ferrer-i-Cancho① 等、王晓光②、韦洛霞③分别统计证实英文共词网络、汉语词汇依存网络(Syntactic Dependency Network)、引证网络、合著网络、网络信息交流(博客)网络、汉字网络等普遍存在小世界结构。马费成指出知识小世界原理是情报相关性的具体表现，短特征路径长度和高聚类系数实现了大世界向小世界的转换④。

知识网络的另一个方面是关于知识节点连接度的研究。词频是连接度分布研究的早期形式，Simon⑤ 在 20 世纪 50 年代即研究了词频的负幂函数分布。Price⑥ 发现引证网络中论文被引次数满足指数在 2.5 ~ 3.0 的负幂分布。Newman⑦、Broder⑧、Barabási⑨ 等对合著网络、共词网络、Web 信息网络的统计分析也证实了其中的幂率分布特征。

---

① Ferrer-i-Cancho R., Sole R. The Small World of Human Language[C]. Proceedings of the Royal Society of London Series B-Biological Sciences, 2001, 268(1482): 2261-2265.

② 王晓光. 博客社区内的非正式交流：基于网络链接的实证分析[J]. 情报学报, 2009, 28 (2): 248-256.

③ 韦洛霞, 李勇, 李伟, 等. 汉字网络的 3 度分隔与小世界效应 [J]. 科学通报, 2004, 49(24): 2615-2616.

④ 马费成. 论情报学的基本原理及理论体系构建[J]　情报学报, 2007, 26(1): 3-13.

⑤ Simon H. A. On a Class of Skew Distribution Functions[J]. *Biometrika*, 1955, 42: 425-440.

⑥ Price D. J. Networks of Scientific Papers[J]. *Science*, 1965, 149: 510-515.

⑦ Newman M. E. The Structure and Function of Complex Networks [J]. *Siam. Review*, 2003, 45(2): 167-256.

⑧ Broder A., Kumar R., Maghoul F., Raghavan P., Rajagopalan S., Stata R., Tomkins A., Wiener J. Graph Structure in the Web [J]. *Computer Networks*, 2000, 33: 309-320.

⑨ Barabási A. L., Jeong H., Néda Z., Ravasz E., Schubert A., Vicsek T. Evolution of the Social Network of Scientific Collaborations [J]. *Physica A: Statistical Mechanics and its Applications*, 2002.

可见，知识网络同时具有小世界结构和无标度分布特征，那么形成此种结构的过程是怎样的呢？其内在作用机理是什么？本节尝试分析知识网络的生成过程，找到构造知识网络的演化机制和一致模型。

3.4.1 研究设计

参照 WS 模型①、NW 模型②和 BA 模型对于复杂网络的构造办法，知识网络的演化模型主要包含这样几个步骤：

1）网络起始于一个连通网络，这里沿用的是 WS 模型和 NW 模型的构造方法，保证网络的连通性。

2）知识节点是增长的，这里沿用 Simon 模型③、CA 模型④、BA 模型相同的处理方法，每时间步增长一个节点；因为在充分短的时间间隔里，每时间步只增加一个节点。

3）不同于 WS 模型的随机重连、NW 模型的随机加边和 BA 模型的择优连接，按照知识网络的实际演化特征，认为新知识节点发出的连接指向紧密关联的节点群，这些节点之间很可能相互为邻居节点。这是由于新知识是产生于一定的知识领域和知识基础的，这个基础内的知识是密切关联的。

模型分析主要是基于物理统计学的方法，从特征路径长度、聚类系数、连接度几个指标分析知识网络的拓扑特征，并且通过变换初始条件来考虑网络的稳定性；仿真实验也针对演化模型实施，统计以上指标的模拟值，并与模型数值分析的结果进行比较，以验证模型的可靠性。

---

① Watts D. J., Strogatz S. H. Collective Dynamics of "Small-world" Networks[J]. *Nature*, 1998, 393: 440-442.

② Newman M. E., Watts D. J. Renormalization Group Analysis of the Small-world Network Model[J]. *Phys. Lett. A*, 1999, 263: 341-346.

③ Simon H. A. On a Class of Skew Distribution Functions[J]. *Biometrika*, 1955, 42: 425-440.

④ Price D. J. Networks of Scientific Papers [J]. *Science*, 1965, 149: 510-515.

3.4.2 模型构造

3.4.2.1 概念与假设条件

针对上述说明，构造知识网络的演化模型，为了构造和说明模型方便，这里引入两个主要概念：

1）核心知识节点，即对知识（一篇文献、一份情报）的核心内容进行定位。一篇论文往往是通过对几篇主要理论来源文献进行拓展的结果，这几篇主要文献通常列于这篇论文的参考文献之中，它们可起到对这篇新论文进行核心知识定位的作用。

2）相关知识节点。相关知识节点与核心知识节点紧密相关，主要对其进行补充、说明等。一个独立的知识创造者的知识基础是有限制的，它往往只能在两三个狭小的领域进行知识创造，一篇文献的来源理论的范围通常也是有局限的，参考文献之间一般是密切相关的关系。

为了研究的重点突出及讨论的一般性和简洁性，作出如下假设：

1）新加入节点发出的连接指向密切关联的节点群。新知识的提出立足于一定的知识基础和知识领域，被引证知识具有较强的相关性，是紧密关联的节点群，比如互为邻居节点。

2）新加入节点发出的连接数，即节点的出度取定值。对于引文网络来说，出度即文章的参考文献数量，引文网络的出度服从指数分布①，从而具有特征标度，这里不妨将节点出度取定值，即其特征值。

3.4.2.2 模型构造

知识网络起始于一个连通图，演化过程包含知识节点的增长规则和连接规则，模型的构造算法如下：

1）初始网络：从连通图开始，考虑一个含有 n 个节点的网络，其中每个节点都至少与 m 个节点相连。

---

① Vazquez A. Statistics of Citation Networks［R］. Arxiv Preprint cond-mat/010503，2001.

2）知识增长：每次引入一个新的节点，新节点连接到 m 个已经存在的节点上。

3）知识连接：①核心知识定位：在已存网络中择优选择 x 个节点进行核心知识点定位；②相关知识选择：在 x 个核心知识点的邻居节点 Ω_x（Ω_x 集合中不包含 x）中随机选择 $m-x$ 个相关知识节点；③知识连接：将这被选的 m 个节点与新加入的节点进行连接。

步骤 1 中，知识网络的初始形态是难以发现和把握的，所以对于初始连通图的结构和生成过程这里不作过多讨论，不妨立足于一些典型的复杂网络来分析知识演化网络的演化过程。前文已经指出，知识网络同时具有无标度特征和小世界特征。考虑到 Price、Simon 等人早期构造的模型均类似 BA 模型，所以本节的初始网络从一个无标度网络开始；且后续我们针对不同的初始网络的仿真实验也观察到，采用不同的初始网络，最终的结果在直观上没有太大差别。

步骤 2 中，每时间步增加一个节点的做法同 Price 的 CA 模型、Barabási-Albert 的 BA 模型，在充分短的时间间隔内，每时间步只增加一个节点是合理的。

步骤 3 中，核心知识、专业领域定位环节的择优选择策略同 BA 模型，通常认为经典和热点知识更容易被知识工作者所观察到，更能被知识工作者所吸收，所以这里采用度优先策略进行核心定位和专业基础选择。另外，这个过程中选择多个定位节点也体现出知识领域交叉，知识创造者涉足多知识领域；而只在核心知识节点的邻居节点中选择相关节点，表现知识创造者的专业领域限制和知识领域本身的内聚性；从而，这里 x 个定位节点即是知识创造者知识基础的定位点，$m-x$ 条连线指向 x 节点的邻居节点，表示知识创造者的工作领域局限与一定范围之内。由此可见，这里的模型是不同于 BA 构造算法的，它不是在全局范围的择优连接，而是考虑基于一定范围的采用混合机制的节点选择连接。

3.4.2.3 模型分析

从聚类系数、平均最短路径长度和度分布三个主要拓扑结构指标来分析知识网络结构生成模型的特征：

(1)聚类系数

Fronczak 等①使用均场方法(mean-field approach)分析 BA 无标度网络的聚类系数，如下：

$$cc_{BA} = \frac{m^2\ (m+1)^2}{4(m-1)}\left[\ln\left(\frac{m+1}{m}\right) - \frac{1}{m+1}\right]\frac{[\ln(t)]^2}{t} \quad (3\text{-}19)$$

上式 m 表示每时间步增加的连接数。当网络规模充分大时,BA 网络不具有明显的聚类特征。然而在本节知识网络模型中,连接是在核心知识节点及其邻居节点中产生,求解精确的聚类系数很复杂,我们不妨通过三角形(triangle)与三元组(triple)之间的比值来简单分析聚类系数:第 t 时间步增加新节点 t,对 t 节点而言,三元组数量为 $C_m^2 = m(m-1)/2$,考虑最少的三角形数量,即设被选的 x 个核心知识节点相互不是邻居,且被选的 $m-x$ 个邻居节点不是核心节点的公共邻居、相互也不是邻居,则三角形数量为 $C_{m-x}^2 = (m-x)(m-x-1)/2$,从而有:

$$cc_t \geqslant \frac{(m-x)(m-x-1)}{m(m-1)} \quad (3\text{-}20)$$

此后,t 节点不被连接选中,则聚类系数不变,被选为相关节点,则聚类系数增加,被选为核心定位节点,三角形与三元组比值的增幅大于同等条件下 BA 网络的增幅,故而 $cc_t > cc_{BA}$。

(2)平均最短路径长度

Cohen 和 Havlin② 分析得到 BA 网络的平均路径长度:

$$AveShortestLen_{BA} \propto \frac{\log N}{\log\log N} \quad (3\text{-}21)$$

表明 BA 网络具有小世界特征。关于本节模型的平均路径长度,难以用显式的方法表述出来,不过从后文的仿真实验看来,本模型增大了网络的聚类系数,也相应增大了网络的平均最短路径长度,$AveShortestLen_{BA}$ 可以作为本模型的一个特例($m = x$),也是平均路径长度的下界。

---

① Fronczak A., Fronczak P., Holyst J. A. Mean-field Theory for Clustering Coefficients in Barabási-Albert Networkx[J]. *Phys. Rev. E*, 2003, 68: 046126.

② Cohen R., Havlin S. Scale-free Networks are Ultrasmall [J]. *Phys. Rev. Lett.*, 2003, 86: 3682-3685.

(3)度分布

选择核心知识节点时采用的是度择优选择策略,节点 i 被选中的几率与自身的连接度成正比,即 $\prod_i = k_i / \sum_j k_j$ 。故在 t 时间步,它的连接度变化率为:

$$\frac{\partial k_i}{\partial t} = x \frac{k_i}{\sum_j k_j} \tag{3-22}$$

核心定位节点选择阶段,节点 i 没有被选中的概率为 $\prod_i = 1 - k_i / \sum_j k_j$,对于大规模网络有 $\prod_i \approx 1$。然而其作为核心定位节点的邻居节点被选中的概率计算如下:节点 i 的邻居节点 v 被选为核心定位节点的概率与其自身的连接度 k_v 成正比,而 i 作为 v 节点 k_v 个邻居节点中的一个,i 被选为相关节点的概率是 $1/k_v$,即有:

$$\frac{\partial k_i}{\partial t} = (m - x)\left(1 - k_i / \sum_j k_j\right) \frac{\sum_{v \in \Omega_i} k_v (1/k_v)}{\sum_j k_j} \approx (m - x) \frac{k_i}{\sum_j k_j} \tag{3-23}$$

其中 Ω_i 指节点 i 的邻居节点集合,Ω_i 所包含的节点数为 k_i。由上式可以看出,在相关节点的选择中,节点被选的概率与此节点的连接度也是成正比的,节点连接度越大,成为核心节点的邻居节点的可能性就越大,从而被选中的机会就越多。在第 t 时间步,有 $\sum_j k_j = 2mt + n$,由连续性理论取 $\sum_j k_j \approx 2mt$,综合(3-22)式和(3-23)式有:

$$\frac{\partial k_i}{\partial t} = x \frac{k_i}{\sum_j k_j} + (m - x) \frac{k_i}{\sum_j k_j} \approx m \times \frac{k_i}{2mt} = \frac{k_i}{2t} \tag{3-24}$$

结果与BA模型的结果是一样的,从而有 $k_i \propto t^{1/2}$ 。后续求解过程可以参考Barabási等①、Dorogovtsev等②的论文。采用均场方法、主方程方法(master-equation approach)均可以求得 $P(k) \sim k^{-3}$。

---

① Barabási A. L. , Albert R. , Jeong H. Mean-field Theory for Scale-free Random Networks[J]. *Physica A*, 1999, 272: 173-187.

② Dorogovtsev S. N. , Mendes J. F. , Samukhin A. N. Structure of Growing Networks with Preferential Linking[J]. *Phys. Rev. Lett.* , 2000, 85: 4633-4636.

3.4.3 仿真与对比

3.4.3.1 统计数据

使用 3.2.4 小节相同数据集构造知识网络。

3.4.3.2 数据处理

针对提取出来的子网络,统计以下几项指标:①聚类系数。②平均最短路径长度。此处将时间划分为 10 等分,统计各时间点时知识网络的聚类系数。统计过程中发现知识网络并不是一个连通图,就无法计算平均最短路径长度,所以针对平均最短路径长度,统计的是那一时刻知识网络中最大连通子图的平均最短路径长度,故而这里补充一项统计。③最大连通子图(maximal connected subgraph)占比,即最大连通子图所包含节点数占当时网络节点数的比例。④度分布。图 3-8 是子网络的聚类系数、平均最短路径长度(图中含小图最大连通子图占比)和度分布的统计图。

由图 3-8 可见:聚类系数单调增加,数值在 0.2 附近;平均最短路径长度单调减少,趋向于 7;最大连通子图所包含节点数占总节点数的比例不断上升,最后占比 94.95%(包含 16 465 个节点),非常接近 1,整个网络中有 344 个独立子图(孤立节点也记为独立子图,这样的子图很少);入度分布具有指数为 3 的幂率尾,出度分布是一个指数分布,和 Redner① 所统计的入度分布、Vazqucz② 所统计的出度分布基本是一致的,度分布似乎略大于 3。从变化率来看,A、B 两图的振幅都是减小的,故而最终可能出现恒定值,即稳定点。

3.4.3.3 仿真试验

结构生成模型起始于一个小规模连通网络,考虑到 Price、Simon 等人早期构造的模型均类似 BA 模型,所以本节的初始网络不妨从一个 BA 无标度网络开始,具体实验步骤如下:

---

① Redner S. How Popular is Your Paper? An Empirical Study of the Citation Distribution[J]. *Eur. Phys. J. B*,1998,4:131-134.

② Vazquez A. Statistics of Citation Networks [R]. Arxiv Peprint cond-mat/010503,2001.

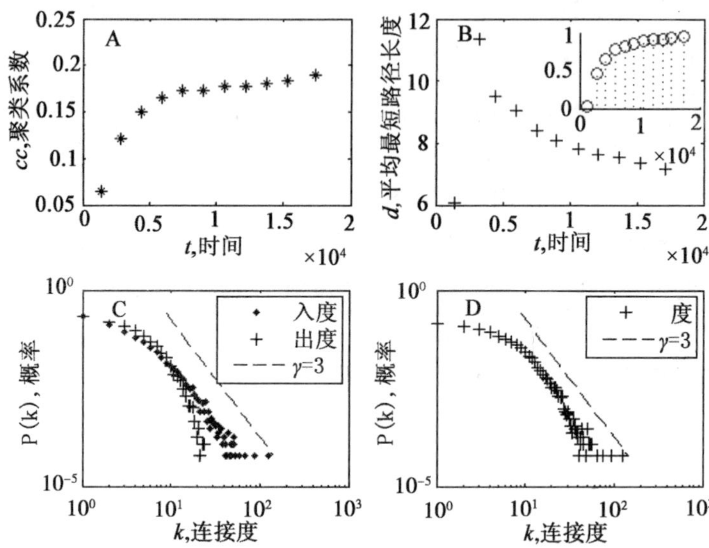

图 3-8　引证网络聚类系数、平均路径长度、度分布统计(Cell 系列子刊)

注:左上图 A 是聚类系数的统计图(随节点数时序增加),右上图 B 是平均最短长度的统计图(随节点数时序增加),其中 B 中小图表示最大连通子图所包含节点数占当时总节点数的比例;图 C、图 D 是度分布图。

1)构造初始连通图:按照 BA 模型生成包含 1 000 个节点的无标度网络。初始节点个数为 4,后续添加 996 个节点,每个节点按照度择优与 4 个已经存在的节点进行连接,选择 4 个连接节点是为了后续加入节点有更多的选择机会,这个网络具有幂率分布特征和短平均最短路径长度特征,然而聚类系数却很低(约等于 0. 0242)。

2)按照本节所构造的模型的 2、3 步进行,结合前文的数据统计,设置各项仿真参数,每个节点平均与 $<k>=3$ 个节点相连,运行次数总共为 17 000 次,试验中 x 分别取 1、2、3 进行测试,其中当 $x=3$ 时即转化为 BA 无标度网络。

如图 3-9 所示,$x=1$,2 时聚类系数分别趋向 0. 6064 和 0. 2459,为了观察更多循环次数之后的聚类系数,我们将 $x=1$,2 时的模型又分别计算了 100 000 次,结果显示 cc 分别等于 0. 6179 和 0. 2465,并

无太大显著变化;平均最短路径长度减速上升,远慢于网络规模的增长速度,小世界特征明显;当 $x=1,2$ 时的平均最短路径长度长于 $x=1$(BA 模型)时的平均最短路径长度;入度都具有幂率尾,前端下弯,类似指数分布;连接度是指数为 3 的幂率分布。

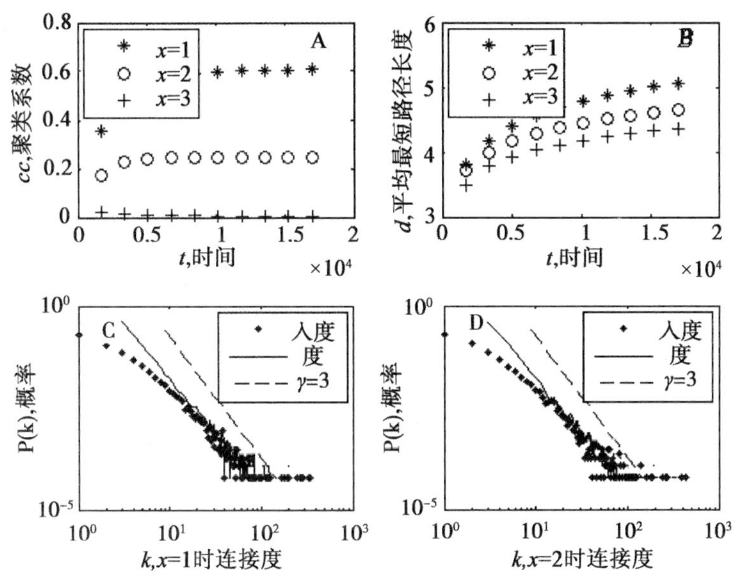

图 3-9　结构生成模型的聚类系数、平均路径长度和度分布统计图

注:左上图 A 是聚类系数随节点数时序增加的统计图,右上图 B 是平均最短长度随节点数时序增加的统计图,图 C、图 D 是度分布图。

3.4.3.4　结果比较

针对统计和仿真实验结果,首先对三个主要指标量进行比较,辨明它们之间的相同和不同之处,以及分析其中的原因:

(1)聚类系数的对比

实际统计中的聚类系数先减速上升(似有翘尾),类似对数函数;仿真模型的聚类系数也是单调上升,图形形态大致一样。观察仿真统计图,可以发现可以通过调节核心节点 x 的值,而构造不同聚类系数的知识网络。比较 $x=1$,2 的情况,发现当 $x=2$ 时,幂率分布指数与 3 更接近些,聚类系数与 0.2 更接近些。在本例中,不妨从一个时间步进行考查，当 $x=1$ 时，新加入节点的聚类系数的值大于或等于0.67，这是因为新引入的3条边中，至少有2个三角形；而当 $x=2$ 时，新节点聚类系数的值大于或等于0.33，这是因为新引入的3条边中，至少有1个三角形。

(2)最短路径长度的对比

实际统计的图3-8(B)显示，最短平均路径长度随着节点数的增加而单调减少，出现这个结果的很大一部分原因是引证过程存在几年的滞后性，所以最早的少量节点相互连接较少。随着知识节点数增加，连接变得紧密，平均路径长度减小。在仿真模型图3-8(B)中最短平均路径长度随着网络规模的增大而减速上升。

(3)度分布的对比

实际统计结果显示入度分布具有幂率尾，且分布曲线的前端弯曲，形似指数分布。仿真的结果也表明，分布曲线均具有幂率尾，前端也有指数分布形态的弯曲。而对于度分布，仿真试验得到严格的指数为3的幂率分布，而实际统计结果显示指数似乎大于3。

3.4.4 结果讨论

基于上文分析结果，结合实际情况，下面将针对几个网络拓扑结构衡量指标和模型构造过程中的一些主要问题展开讨论。

(1)关于聚类系数

引文网络通常是一个较为稀疏(sparse)的网络，聚类系数偏小。本节构造的生成模型通过在连接过程中采用不同的策略，可以构造具有不同聚类系数的知识网络：当核心定位节点所占比例较大时，表明知识领域跨度大、知识领域的外延扩展性强，比如当前统计物理学领域的专家学者和动力系统领域的专家学者，研究领域就广泛地涉及经济、管理、社会、心理、政治等领域；而当针对局部相关邻居节点的选择比例较大时，则表明知识内聚性强，比如医学的一些学科，内聚性极强，外部引证很少。所以聚类系数的具体数值与不同学科的属性紧密相关，不能一概而论，本节所构造模型适应了这种需求。

(2)关于最短平均路径长度

本节认为图 3-8(B)图中的减小不会一直持续，很有可能在达到常态之后会逆转而呈现上升趋势；且这和知识发展的具体情况是相关的，当知识发展趋于综合化时，最短平均路径长度缩短；当知识发展出现分化时，最短平均路径长度变长。不过，变长的速度应该慢于网络规模的增长速度，这即是知识网络中的小世界特征。

(3)关于度分布

根据多数人的统计，认为引文网络的入度分布指数在 2.5 ~ 3.0，这个结论在本节中也得到了证实。不过，连接度的分布却显示略大于 3.0，这与仿真结果存在一些差异，与引证策略是相关的，所以本节模型中对相关节点的选择是采用随机策略。实际引证过程中文献发表时间、文献质量等也均会影响引证过程，所以这方面还需要作进一步的研究。

(4)关于初始网络的结构

初始连通图的结构会影响网络的整体演变过程，Bollabas① 针对 BA 网络的构造模型指出，对于不同的初始网络，其后演化的结果网络会有所不同。在本节模型中，我们分别测试了初始网络是 BA 无标度网络、NW 小世界网络、最近邻耦合网络几种情况，发现初始网络对结果影响不大，从统计图形直观上观察不出差别。

3.5 本章小结

时间在影响着人们的知识学习和利用过程，本章第一节着重探讨了知识演化过程中的时间影响因素。基于演化网络的方法与理论，构造了科学知识网络演化模型，分析了马太效应与时间效应之间的关系。演化模型引入了度择优和时间优先两种连接机制，其中度优先连接机制保证了对重要知识的连接，而时间优先连接机制则促成对最新知识的接受和知识的更新，两种机制的结合形成了知识

① Bollobas B. Mathematical Results on Scale-free Random Graphs [A]// Bornholdt S., Schuster H. G. *Handbook of Graphs and Networks—From the Genome to Internet*, Wiley-VCH, 2002: 1-34.

演化在研究基础与研究前沿之间的平衡。模拟结果显示，度择优的作用是全局性的，而时间优先连接机制的作用则是局部的，它只能促成连接数的短时快速上升，不能改变全局的大趋势。

知识学习和知识引证通常是基于局部知识领域的，第二节构建了基于局域世界的演化网络模型。通过引入交叉连接、度择优和时间优先连接机制，构造了科学知识网络的演化模型。其中交叉连接反映了知识之间的相互渗透，度优先连接机制保证了对重要知识的连接，而时间优先连接机制则促成对最新知识的接受和知识的更新。演化网络总体仍然具有指数为3的幂率尾，局域世界及交叉领域也具有指数为3的幂率分布。度择优的作用是全局性的，而时间优先连接机制的作用是局部的，它只能促成短时的快速上升，不能改变全局的大趋势；不过，时间优先连接在一定程度上抑制了度优先连接所导致的引用的过分集中(马太效应)，平抑了马太效应的负面影响。

知识网络兼具小世界结构和连接度满足无标度特征。本章第三节分析这一结构形成的具体原因，首先综述了当前小世界网络和无标度网络的构造模型，分析其中的作用机理。然后，结合知识网络的具体特点，探讨了知识网络的形成过程及影响条件，进而构建知识网络的生成模型。模型通过领域定位和邻接引证，构建了可以同时满足小世界结构和无标度度分布特征的知识网络。最后对实际引证网络数据进行了统计分析，对生成模型进行了仿真实验，并且对二者的结果进行了比较和讨论，证实了模型具有较好的适用性。

针对聚类系数、平均最短路径长度的具体取值情况目前还不能确定，是取固定值还是与不同的领域有关，我们倾向于赞成后者。但是，更翔实的结论，还需要进一步补充数据进行更充分的验证。关于知识网络的微观结构，比如模体(Motif)、等级网络(Hierarchical Network)、超家族(Superfamily)、富人俱乐部(Rich Club)、自相似(Self-similarity)等，可以作更加深入探讨知识网络结构的后续方向。

3.6　附录：仿真实验

3.6.1　时间优先链接网络模拟

```
% citation networks with growth+ time preferential attachment
function links = citationTime ( initialPointNumber, increaseEdgeNumber,tStep,beta,tAlpha)

% variable initiate
mo=initialPointNumber;
m=increaseEdgeNumber;
t=tStep;
b=beta;
a=tAlpha;
allPoints=mo+t;

% create linkMatrix and degree & distribution array
linkMatrix=spalloc(allPoints,allPoints,m * t);
degree(1:allPoints)=1;

timeDistr(1:mo-1)=1;

if b>0
    timeDistr(mo:allPoints)=(1:1:allPoints-mo+1).^b;
else
    timeDistr(mo:allPoints)=a.^(1:1:allPoints-mo+1);
end

% time preferential attachment
for step=mo+1:allPoints
```

```
    select=inverseSelectPoints(m,timeDistr(1:step-1));
    linkMatrix(step,select)= 1;
    degree(select)= degree(select)+1;
end

[u,v]=find(tril(linkMatrix));
links=[u,v];

save citationTime linkMatrix links degree



% function of select points with its ratio
function sPoints=inverseSelectPoints(selectNumber,distribution)

% variable initiate
sNumber=selectNumber;
distr=distribution;
distrLength=length(distr);
sumDistr=sum(distr);
sPoints(1:sNumber)= 0;

% select process
while sNumber>0
    distrRand=rand * sumDistr;
    i=distrLength;
    while distrRand>0
        distrRand=distrRand-distr(i);
        i=i-1;
    end
    sPoints(sNumber)= i+1;
    sumDistr=sumDistr-distr(i+1);
```

```
    distr(i+1)=0;
    sNumber=sNumber-1;
end
```

3.6.2 局域演化网络模拟

```
% citation networks with BA and Random links
function links=abTimeStochasticLocal(initialPointNumber,increase
EdgeNumber, tStep, beta, pAb, qTime, uOut, sStochastic, number
OfLocal)

% variable initiate
mo=initialPointNumber;
m=increaseEdgeNumber;
t=tStep;
b=beta;
p=pAb;
q=qTime;
u=uOut;
% s=sStochastic;
% gama=gamaDistribution;
allPoints=1.2 * t;
numOfLocal=numberOfLocal;
aveNumLocal=allPoints/numOfLocal;
select(1:m)=0;

% create linkMatrix and degree & distribution array
linkMatrix=spalloc(allPoints,allPoints,m * t);
degree(1:allPoints)=1;
degreeDistr(1:allPoints)=1;
% stochasticDistr(1:allPoints)=1;
```

```
timeDistrBackup(1:allPoints)=1;
for i=1:numOfLocal
    timeDistrBackup((i-1)*aveNumLocal+mo:i*aveNumLocal)=(1:1:aveNumLocal-mo+1).^b;
end
timeDistr=timeDistrBackup;

distLength(1:numOfLocal)=mo;

% preferential attachment
for step=1:t

    % select Local and Out
    selectLocal=round(rand*numOfLocal+0.5);
    selectOut=round(rand*(numOfLocal-1)+0.5);
    if selectOut>=selectLocal
        selectOut=selectOut+1;
    end

    localStart=(selectLocal-1)*aveNumLocal+1;
    localEnd=(selectLocal-1)*aveNumLocal+distLength(selectLocal);
    OutStart=(selectOut-1)*aveNumLocal+1;
    OutEnd=(selectOut-1)*aveNumLocal+distLength(selectOut);

    distLength(selectLocal)=distLength(selectLocal)+1;

    for n=1:m

        selectStratege=rand;
```

```
        if selectStratege<=p
                selectNode = selectPoint ( degreeDistr ( localStart:
localEnd) ) +localStart-1;
                elseif selectStratege<=p+q
                  selectNode=inverseSelectPoint( timeDistr( local
Start:localEnd) ) +localStart-1;
                  elseif selectStratege<=p+q+u
                          selectNode = selectPoint ( degreeDistr
( Out Start:OutEnd) ) +OutStart-1;
        else
              % selectNode=localStart-1 +selectPoint( stochastic
Distr( localStart:localEnd) ) ;
        end

        select( n )= selectNode;

        % distribution update
        degreeDistr( selectNode )= 0;
        timeDistr( selectNode )= 0;
        % stochasticDistr( selectNode )= 0;
    end

    % linkMatrix and degree update
    linkMatrix( select,localEnd+1 )= 1;
    linkMatrix( localEnd+1 ,select)= 1;
    degree( select)= degree( select) +1;
    % degree( step)= 1;

    % changed value of distribution reback
    degreeDistr( select)= degree( select) ;
```

```
        % degreeDistr(step)=1;
        timeDistr(select)=timeDistrBackup(select);
        % stochasticDistr(select)=1;
    end

    % delet vain rows of Matrix and degree-array
    for i=numOfLocal:-1:1
        degree((i-1)*aveNumLocal+distLength(i)+1:i*aveNumLocal)=[];
        linkMatrix((i-1)*aveNumLocal+distLength(i)+1:i*aveNumLocal,:)=[];
        linkMatrix(:,(i-1)*aveNumLocal+distLength(i)+1:i*aveNumLocal)=[];
    end

    % links=full(linkMatrix);
    % triuMatrix=triu(linkMatrix);
    [u,v]=find(tril(linkMatrix));
    links=[u,v];

    save abTimeStochasticLocal links linkMatrix degree distLength
```

第4章　知识网络中的增长老化

4.1　引言

知识的增长与老化是情报学领域的一个经典问题，以往的此方面研究主要集中在揭示增长老化的特征，及对这些特征的实证上。在知识增长方面，Ryder 和 Price 通过对图书馆藏书和期刊的统计分析，发现了知识的指数增长现象①；然而知识的指数增长规律面临着资源(科学文献、科研投入、科研人员)的有限性悖论，随后 Pricc 提出了知识的 logistic 曲线增长模型②，Frame 等人的统计分析也支持了这一观点③。但是这一模型也会导出知识的增长上限，从而形成科学知识的"自我窒息"。对于这个疑问，人们又提出了阶跃式增长④，即 logistic 曲线首尾相接，每一阶段都是 logistic 增长，而知识整体增长又不会停滞；此外，Price、Rescher 等各自还提出了知识的线性增长规律⑤。在知识的老化问题上，贝尔纳利用

---

① 转引自严怡民，等．情报学概论[M]．武汉：武汉大学出版社，1983.

② Price D. J. *Little Science*, *Big Science* [M]. NewYork: Columbia University Press, 1963.

③ Frame D. J. , et al. An Information Approach to Examinity Developments in Enegy Technology: Coal Gasification [J]. *Journal of* ASIS, 1979, 30(7): 193-201.

④ 庞景安．科学计量研究方法论[M]．北京：科学技术文献出版社，1999.

⑤ Price D. J. *Little Science*, *Big Science* [M]. NewYork: Columbia University Press, 1963.

共时数据得到知识的负指数老化模型①；Brookes 从历时的角度统计期刊文献的被引用数量随时间推移的衰减过程，也得出近似服从简单负指数函数的模型②。Avramescu 总结了前人的观点，按照不同质量、不同种类文献的老化趋势，进一步将文献的老化描述为四种典型特征的老化曲线③。

然而上述模型更多的是描述性模型，着重描述知识增长的现象及特征，对于知识演化的发生机制及增长老化过程的研究则相对要少得多。较早的研究是 Simon 作出的，他针对情报学领域普遍存在的"富者更富"的马太效应(Matthew Effect)，构造了针对词频分布、期刊分布、作者分布的形成过程的 Beta 分布模型，此分布模型的极限形式为负幂函数④；而后，Price 借助 Polya 模型构建了知识增长的积累优势(Cumulative Advantage)过程模型⑤，模型分布的极限形式也形成负幂函数⑥。Barabási 和 Albert 构建了无标度(幂律度分布)网络的演化模型(BA 模型)，揭示了网络无标度特征形成的内在机理⑦。Newman 指出 CA 模型和 BA 模型在本质意义上是一致的⑧。

本章内容重点探讨知识网络中知识节点的增长老化问题：首

---

① 转引自严怡民，等．情报学概论[M]．武汉：武汉大学出版社，1983.

② Brookes B. C. The Growth, Utility, and Obsolescence of Scientific Periodical Literature[J]. *Journal of Documentation*, 1970, 26: 283-294.

③ Avramescu A. Actuality and Obsolescence of Scientific Literature [J]. *Journal of the American Society for Information Science*, 1979, 30: 296-303.

④ Simon H. A. On a Class of Skew Distribution Functions[J]. *Biometrika*, 1955, 42: 425-440.

⑤ Price D. J. A General Theory of Bibliometric and Other Cumulative Advantage Processes[J]. J. Amer. Soc. Inform. Sci. 1976, 27: 292-306.

⑥ Price D. J. Networks of Scientific Papers[J]. *Science*, 1965, 149: 510-515.

⑦ Barabási A. L, Albert R. Emergence of Scaling in Random Networks[J]. *Science*, 1999, 286: 509-512.

⑧ Newman M. E. The Structure and Function of Complex Networks [J]. *Siam. Review*, 2003, 45(2): 167-256.

先，由于知识并不是平稳增长的，第 4.2 节分析了非平稳增长知识网络的结构问题，通过考虑节点数分别以线性、指数、logistic、阶跃函数增长时节点的历时连接数变化，从而分析知识节点在不同增长模式中的老化状况。其次，单个知识节点的老化与整个知识领域的发展是相关的，第 4.3 节探讨了知识节点数 logistic 增长过程中，不同时段产生的节点的老化情况，提出了知识老化呈现不同形态的另一种客观解释。最后，由于知识连接也不是平稳增长的，第 4.4 节讨论了连接边数以线性、对数增长时的网络拓扑结构特征。

4.2　知识节点的增长与老化

CA 模型与 BA 模型具有很强的一般性，然而其节点的增长是均匀的单节点增长(Price 累积优势模型和 BA 模型均是每时间步增加一个节点)，没有考虑多节点和非线性的增长模式。本节尝试放宽这一条件，构建一个更一般化的增长模型。这一模型可以涵盖绝大多数增长模式，并且分析在不同增长模式条件下，知识网络的拓扑特征和老化情况。

4.2.1　研究设计

知识网络的演化是一个复杂和抽象的过程，难以直接的观测和探讨，需要借助具体的对象进行分析。当前对于知识演化问题的探讨主要是基于共词网络和引文网络，二者各有侧重，共词网络偏重主题、概念的关系研究，而引文网络则针对知识前后传承关系的揭示。本章内容更多侧重于知识的前后承接、发展演化关系，所以知识演化网络模型主要也是基于引文网络对象的统计结果进行分析。

知识网络的演化模型主要包含两个步骤：增长和连接。

1) 增长从一个具有 m_0 个节点的初始网络开始，而后每时间步增加一组节点，增加的数量是时间的函数。本节首先考虑一个一般化的增长函数 $g(t)$，而后分情况进行讨论，分别令 $g(t)$ 为线性函数、指数函数和阶跃函数等，logistic 函数属于复合函数的范畴，具有很强的代表性，对于它的讨论在后一篇文章中详细探讨。

2)连接机制直接影响了网络的拓扑结构，本节中对于连接机制沿用BA网络的度择优机制，仅仅考虑入度驱动，不考虑出度对连接机制的影响。原因有两点，一是Simon模型和CA模型中也是基于入度驱动的；二是文献被引次数多会带来更多的引证，具有显著的集体动力学特征，而出度只是更多地反映了文章作者个人的行为。此外，对知识网络中连接机制更多的影响因素，我们在后续的文章将会进行讨论。

模型的构建及对模型的分析主要针对以下两个方面的问题：

1)不同的增长模式是否会产生不同的知识网络，不同的增长模式对知识网络的拓扑结构有何影响？由于度分布是描述网络拓扑结构的一个主要指标，本节将对这一属性进行重点考察。

2)不同的增长模式对知识节点历时老化的影响。由于目前所提出的增长模式多种多样，本节尝试构建一个可以囊括绝大多少增长范式的泛增长函数，以得到更广泛的结论。

4.2.2 增长网络构建

针对上述说明，构造知识网络的演化模型，为了研究的重点突出及讨论的一般性和简洁性，作出如下假设：

1)假设节点的增长量是时间 t 的函数，第 t 时间步累积节点数记为 $G(m_0, t)$，第 t 时间步增加的节点数为 $g(m_0, t)$，其中 m_0 为初始节点数，且 $G(m_0, t)$ 可以取为任意函数，例如线性、指数、logistic 函数、阶跃循环函数或对数增长函数等。

迄今为止，人们提出的知识增长函数多种多样，除了前述几种基本增长函数之外，随着统计技术和计算能力的扩展，今后或许会发现更多特征的增长函数。为了得到一般性的结论，这里对增长函数 $G(m_0, t)$ 的分析采用的是一个一般性的函数，可以将之视为一组函数簇。对于这组函数簇，我们也只考虑其更一般化的性质：收敛性增长的函数和发散性增长的函数。所谓收敛性增长的函数，指的是单调增长函数，但是增长的速度越来越慢，线性增长函数、logistic 函数等都属于这一类别。所谓发散性增长的函数，指的是增长速度越来越快的单调增长函数，指数增长函数则属于这一类别。

2)节点的出度取一确定值。

3)择优连接与节点入度成正比；此两点假设及其原因同第 3 章第二节所述。

以增长和连接机制构建科学知识网络演化模型，模型的构造算法如下：

1)增长：从一个具有 m_0 个节点的网络开始，每次引入 $g(m_0, t)$ 个新的节点，其中 $m_0 = g(m_0, t)$。

2)连接：采用入度择优连接机制。

其中，入度择优连接机制同第 3 章第 2 节模型。可见，构造算法与 BA 网络、CA 模型的最大差异表现在节点变成非平衡增长，增长函数与时间有关。

4.2.3　网络结构分析

4.2.3.1　节点入度分布

记 i 时间步加入的节点在 t 时间步的平均入度为 k_i，在第 t 时间步增加的节点数为 $g(m_0,t)$，则增加的连接数为 $mg(m_0,t)$。前 $t-1$ 时间步所有节点的入度和等于：

$$\sum_i (k_i + 1) = (m + 1)[G(m_0,t) - g(m_0,t)] \tag{4-1}$$

当 $G(m_0,t)$ 非指数级增长时，上式取近似 $\sum_i (k_i + 1) \approx (m + 1)G(m_0,t)$。按照节点的入度选择连接的节点，因为同时间步加入的节点的对称性，则它们在 t 时刻的入度是相似的，故 i 时间步加入的节点的平均连接概率记为：

$$\prod(i) = \frac{k_i + 1}{\sum_j (k_j + 1)} \approx \frac{(k_i + 1)g(m_0,i)}{(m + 1)G(m_0,t)} \times \frac{1}{g(m_0,i)} = \frac{k_i + 1}{(m + 1)G(m_0,t)} \tag{4-2}$$

采用均场方法(mean-field approach)①求解，上述模型的动力方

① Barabási A. L., Albert R., Jeong H. Mean-field Theory for Scale-free Random Networks[J]. *Physica A*, 1999, 272: 173-187.

程为:

$$\frac{\partial k_i}{\partial t} = mg(m_0,t)\frac{k_i+1}{\sum_j(k_j+1)} \approx mg(m_0,t)\frac{k_i+1}{(m+1)G(m_0,t)} \tag{4-3}$$

记初始条件为 $k_i(i)=0$,求解得 i 时间步加入的节点在 t 时刻的度为:

$$k_i = -1+\left[\frac{G(m_0,t)}{G(m_0,i)}\right]^{\beta} \tag{4-4}$$

其中 $\beta=\frac{m}{m+1}$,由 i 为 t 上的分布函数为 $P(i)=G(m_0,i)/G(m_0,t)$,则有概率函数:

$$P\{k_i(t)<k\} = 1-P\left\{\frac{G(m_0,i)}{G(m_0,t)}<(k+1)^{-\frac{m+1}{m}}\right\} \tag{4-5}$$

记 $H(i)=G(m_0,i)/G(m_0,t)$,有 $i=H^{-1}[G(m_0,i)/G(m_0,t)]$,则上式可以化为:

$$\begin{aligned} P\{k_i(t)<k\} &= 1-P\left\{i<H^{-1}\left((k+1)^{-\frac{m+1}{m}}\right)\right\} \\ &= 1-H\left\{H^{-1}\left((k+1)^{-\frac{m+1}{m}}\right)\right\} \\ &= 1-(k+1)^{-\frac{m+1}{m}} \end{aligned} \tag{4-6}$$

令 $t\to\infty$,得到网络入度分布密度函数:

$$p(k)=\frac{\partial P\{k_i(t)<k\}}{\partial k}=\frac{m+1}{m}(k+1)^{-\gamma} \tag{4-7}$$

其中 $\gamma=2+\frac{1}{m}$。解析结果显示,单纯入度驱动,即生成指数略大于2的无标度网络。由此可见,当增长率函数为收敛函数时,节点的增长模式与节点度的分布无关。所以对于累积增长为线性增长、对数增长、logistic 增长等,其节点入度均为指数近似为 $2+\frac{1}{m}$ 的幂率分布。而当累积增长为指数函数时,则 $g(m_0,t)$ 是发散的,其入度分布便有些不同,比如指数增长的度分布便要略小,后文中将详细分析。影响节点度分布的关键因素还有连接机制,对于此方面的内容,后续文章中将详细讨论。

4.2.3.2　历时被引动态

从历时被引数变化的角度来分析知识节点的增长老化，在后文中历时被连数、历时被引数所表示的意义是一样的，不同情形下的不同应用是为了方便理解。以下对几种最主要增长模式下的历时老化情况进行讨论：

情形 1：线性增长

节点的累积增长量为线性函数，不妨设 t 时间步总的节点数 $G(m_0,t)=at+b$，则第 i 时间步增加的节点数为 $g(m_0,i)=a$，常数表示在所有时间步增长的节点数均是一样的，代入(4-5)式，计算 i 时间步所加入节点的连接度随 t 的变化情况：

$$\frac{\partial k_i}{\partial t}=\frac{m}{m+1}\left(\frac{at+b}{ai+b}\right)^{\frac{m}{m+1}-1}\frac{a}{ai+b}=A\ (at+b)^{\frac{m}{m+1}-1} \tag{4-8}$$

其中 $A=\frac{am}{m+1}\left(\frac{1}{ai+b}\right)^{\frac{m}{m+1}}>0$，有 $\frac{\partial k_i}{\partial t}>0$，即是 i 时刻加入的节点的连接度是单调上升的。再计算上升的速度变化情况：

$$\frac{\partial^2 k_i}{\partial t^2}=-\frac{aA}{m+1}\ (at+b)^{\frac{m}{m+1}-2} \tag{4-9}$$

有 $\frac{\partial^2 k_i}{\partial t^2}<0$，则当节点为线性增长时，其连接数增长的速度越来越慢，即自节点加入知识网络，它的历时连接度就是单调下降的。

对于大 t，对数函数是线性函数的高阶无穷小，所以累积量对数增长的知识网络，其节点的历时被连数也是单调减少的。

情形 2：指数增长

节点的累积增长量为指数函数，此时(4-3)式中的 $g(m_0,i)$ 不能忽略，不妨设 t 时间步总的节点数 $G(m_0,t)=be^{at}$，则有 i 时间步增加的节点数为 $g(m_0,i)=abe^{ai}$，故有(4-3′)：

$$\sum_i(k_i+1)=(m+1)(be^{at}-abe^{at})=(m+1)(1-a)be^{at} \tag{4-3′}$$

计算 k_i 及度分布 $p(k)$，得到：

$$k_i = -1 + \exp\frac{ma(t-i)}{(m+1)(1-a)} \tag{4-4'}$$

$$p(k) = \frac{\partial P\{k_i(t) < k\}}{\partial k} = \frac{(m+1)(1-a)}{m}(k+1)^{-\gamma} \tag{4-7'}$$

其中$\gamma = 1 + \frac{(m+1)(1-a)}{m} = 2 - a + \frac{1-a}{m} < 2 + \frac{1}{m}$。一般来说，增长率$a$是较小的，故$\gamma$略微小于$2 + \frac{1}{m}$。可见，指数增长的知识网络的连接度分布要比其他几种类型增长（增长率收敛的增长，例如线性增长）平坦些，也反映出指数增长网络的知识传播利用要均匀些，没有其他增长形式分化那么严重。

考虑节点历时老化问题，计算i时间步所加入节点的连接数随t的变化情况：

$$\frac{\partial k_i}{\partial t} = \left[\frac{ma}{(m+1)(1-a)}\exp\frac{-mai}{(m+1)(1-a)}\right]\exp\frac{mat}{(m+1)(1-a)}$$

$$= B\exp\frac{mat}{(m+1)(1-a)} \tag{4-10}$$

其中$B = \frac{ma}{(m+1)(1-a)}\exp\frac{-mai}{(m+1)(1-a)} > 0$，有$\frac{\partial k_i}{\partial t} > 0$，即$i$时刻加入的节点的连接数是单调上升的。再计算上升的速度变化情况：

$$\frac{\partial^2 k_i}{\partial t^2} = \frac{maB}{(m+1)(1-a)}\exp\frac{mat}{(m+1)(1-a)} \tag{4-11}$$

有$\frac{\partial^2 k_i}{\partial t^2} > 0$，则当节点为指数增长时，其连接数增长的速度越来越快，即自节点加入知识网络，它的历时被引量都是单调上升的，在相当长的时间里不表现出老化的情形。此点与 Avramescu 所指出的才华横溢作者的文献①被引规律是一致的。

① Avramescu A. Actuality and Obsolescence of Scientific Literature [J]. *Journal of the American Society for Information Science*, 1979, 30: 296-303.

情形 3:阶跃函数增长

考虑 P. H 循环曲线增长①,作者书中所列 P. H 公式可能存在一些印刷错误,本节中做了修正。设 t 时间步总的节点数 $G(m_0,t)=\frac{PN}{Hbe^{-aNt}}-\sin bt$,则有 i 时间步增加的节点数为 $g(m_0,i)=\frac{aPN^2}{Hb}e^{aNi}-b\cos bt$,代入(4-5)式,计算 i 时间步所加入节点的连接数随 t 的变化情况:

$$\frac{\partial k_i}{\partial t}=\frac{m}{m+1}\left(\frac{1}{G(m_0,i)}\right)^{\frac{m}{m+1}}\left(\frac{PN}{Hb}e^{aNt}-\sin bt\right)^{-\frac{1}{m+1}}\left(\frac{aPN^2}{Hb}e^{aNt}-b\cos bt\right)$$

$$=C\left(\frac{PN}{Hb}e^{aNt}-\sin bt\right)^{-\frac{1}{m+1}}\left(\frac{aPN^2}{Hb}e^{aNt}-b\cos bt\right) \tag{4-12}$$

其中 $C=\frac{m}{m+1}\left(\frac{1}{G(m_0,i)}\right)^{\frac{m}{m+1}}>0$,再由 $G(m_0,t),g(m_0,t)>0$,则有 $\frac{\partial k_i}{\partial t}>0$,即是 i 时刻加入的节点的连接度是单调上升的。再计算上升的速度变化情况:

$$\frac{\partial^2 k_i}{\partial t^2}=CG(m_0,t)^{-\frac{1}{m+1}}\left(\frac{a^2PN^3}{Hb}e^{aNt}+b^2\cos bt-\right.$$
$$\left.\frac{1}{m+1}\frac{aPN^2Hbe^{aNt}-Hb^2\cos bt}{PNHbe^{aNt}-Hb\sin bt}\right) \tag{4-13}$$

对于较大的 t,上式等于 $\frac{a^2PN^3}{Hb}e^{aNt}+b^2\cos bt-\frac{aN}{m+1}$,有 $\frac{\partial^2 k_i}{\partial t^2}>0$,历时被连数是上升的,然而由于其中包含三角函数,历时老化曲线也是阶跃式上升的。

知识节点 logistic 增长的情况,本节在后续的文章进行了分析,结论是:在 logistic 增长的拐点之前产生的节点,其历时被连数先单调上升,在拐点附近达到峰值,而后单调下降;拐点之后产生的节点,历时被连数一直是单调下降的。

---

① 庞景安. 科学计量研究方法论[M]. 北京:科学技术文献出版社,1999.

4.2.3.3 分析结果

上文对不同增长模式下的知识网络拓扑结构、老化特征分别进行了分析,这里对分析的结果作一个归纳:

命题1:当知识节点的增长率是连续变化的收敛函数时,知识节点的度分布为幂指数 $2+\frac{1}{m}$ 的无标度分布,其中 m 为节点的出度,连续变化指的是满足连续性定理,收敛于连续性函数。

由上文推导可知当 $g(m_0,t)$ 是收敛函数时,即对于大 t 有 $g(m_0,t)=0$ 或常数,是 $G(m_0,t)$ 的高阶无穷小,从而(4-2)式中可以忽略 $g(m_0,t)$ 的影响;或者由连续性理论(continuum theory)作连续性处理,从而取 $G(m_0,t)$ 处的值直接近似,命题得证。可得如下分命题:

命题1(1):当节点的累积增长量为线性函数、对数函数时,知识节点的度分布为幂指数 $2+\frac{1}{m}$ 的无标度分布。

命题1(2):当节点的累积增长量为指数函数时,知识节点的度分布为幂指数 $2-a+\frac{1-a}{m}$ 的无标度分布,其中 a 为增长的速度参数,此种情况下文献不表现为老化的情况。

命题1(3):当节点的累积增长量为 logistic 函数时,节点的度分布为幂指数 $2+\frac{1}{m}$ 的无标度分布,这是因为 logistic 增长率的极限形式是收敛函数。

当节点的累积增长量为 P. H 阶跃函数时,知识节点的度分布为幂指数约为 $2-aN+\frac{1-aN}{m}$,其中 aN 为增长指数。这个结果是根据 P. H 循环曲线的极限形式为指数函数作出此推论,结果是不精确的,不过幂率指数略小于 $2+\frac{1}{m}$ 是肯定的。

命题2:当节点的增长率为连续变化的收敛函数时,知识节点的历时被引数单调减少,其中连续变化指的是满足连续性定理,收敛于连续性函数。

由(4-4)式可得:

$$\frac{\partial k_i}{\partial t}=\frac{m}{m+1}\left(\frac{1}{G(m_0,i)}\right)^{\frac{m}{m+1}}[G(m_0,t)]^{-\frac{1}{m+1}}g(m_0,t)$$

$$=M[G(m_0,t)]^{-\frac{1}{m+1}}g(m_0,t) \tag{4-14}$$

$$\frac{\partial^2 k_i}{\partial t^2}=M[G(m_0,t)]^{-\frac{m+2}{m+1}}\left[-\frac{1}{m+1}g^2(m_0,t)+G(m_0,t)g'(m_0,t)\right] \tag{4-15}$$

上式中有 $M=\frac{m}{m+1}\left(\frac{1}{G(m_0,i)}\right)^{\frac{m}{m+1}}$,且 $M[G(m_0,t)]^{-\frac{m+2}{m+1}}>0$,而当 $g(m_0,t)$ 为收敛函数时,$g'(m_0,t)\leqslant 0$,故有 $\frac{\partial^2 k_i}{\partial t^2}\leqslant 0$,可得节点的历时被连数是单调减少的,命题得证。由此可得如下四个分命题:

命题 2(1):当节点的累积增长量为线性函数、对数函数时,知识节点的历时被连数单调减少,且减少的速度越来越慢。

命题 2(2):当节点的累积增长量为指数函数时,知识节点的历时被连数单调增加,且增加的速度越来越快,此命题可根据第 4.2 节情形 2 直接得到;此结论与 Avramescu 中的指数增长函数曲线是符合的,在相当长的时间里,这类文献不表现为老化的情况。

命题 2(3):当节点的累积增长量为 logistic 函数时,知识节点的历时被引数与此节点所产生的时点有关,在 logistic 函数拐点之前产生的节点其历时被连数先上升,达到峰值后再下降;在拐点之后产生的节点历时被连数单调下降;此结论在下一节中详细讨论。

命题 2(4):当节点的累积增长量为 P. H 阶跃函数时,在每一阶段与 logistic 增长相同,整体而言,是阶跃式上升的。

4.2.4 仿真实验

4.2.4.1 目标

我们采集了数据,并展开实证分析,且针对演化模型采用 MATLAB 编程进行仿真实验,把模拟结论与统计结果及当前已有的一些研究进行比较分析,以说明这一模型的有效性和结论的合理性。由于我们所掌握的数据的有限，不能完全通过实际数据证实这些结论，所以本实验是模拟、引证和论证结合的。实验目标主要有以下两点：

(1)验证节点入度分布

度分布是演化网络拓扑特征的一个最主要指标，通过模拟本节统计节点各种增长模式下的网络度分布，并采用实际数据进行比较分析。

(2)验证不同增长模式下的知识老化特征

由于需要大量的数据方可以进行确切的实证分析，而我们所掌握的数据的限制，对这一部分目前还不能进行完全实证，只能通过对模型的仿真模拟来观察结果。

4.2.4.2 仿真实验

由线性增长与指数增长的重要性和代表性，我们重点分析这两种增长模式下的网络拓扑结构及其中知识节点的历时老化特征。阶跃函数增长可以视为分阶段的 logistic 复合函数，在本节中就不再进行仿真分析了。

由于对于不同的学科领域，知识增长速度、增长规模等都是有差异的，且实测数据多是以年为单位，数值偏大，不便于作仿真模拟程序的参数。本节的主要目的在于探讨各种增长模式下的长期特征和行为，取了较长的知识发展周期，故而将各项运行速度参数取了较小的值，以兼顾程序的运行效率和计算机运算规模限制。仿真实验的主要参数设计如下：①线性增长的参数：增长速度取 $a=5$，b 值对增长率无影响，所以不用设置；通过统计取每个节点发出的平均连接数取 $m=<k>=18$；由 $m_0>m$，设初始时间步存在的节点数设为 $m_0=20$；运行 $t=7\ 996$ 次，得到包含节点数大约为 40 000 的网络。②指数增长的参数：通过统计取每个节点发出的平均连接数取 $m=<k>=18$；由 $m_0>m$，设初始时间步存在的节点数设也为 $m_0=20$；增长速度取为 $a=0.001$，运行 $t=5\ 000$ 次，再设 $b=268$，得到包含节点数大约为 40 000 的网络。

(1)度分布

按照上述参数设计进行 MATLAB 编程，模拟知识演化模型。

因为度分布为描述复杂网络拓扑特征的最主要指标之一，所以这里统计了演化网络的度分布，结果如图 4-1 所示。

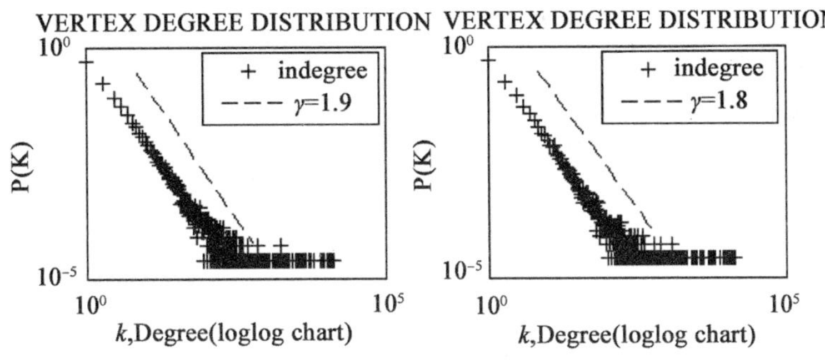

图 4-1　线性 & 指数增长网络的节点入度分布

注：演化模型节点的入度分布图，左图是线性增长的入度分布，右图是指数增长的入度分布。

观察图 4-1，发现演化模型满足幂率分布，这与 Price 等人的统计基本是一致的。幂率指数为 1.8 至 1.9 之间，与实际统计结果的 2.5 差别较大，关于这个问题，我们在后续的文章将进行了分析，认为是由于时间效应的影响，可以通过调节度优先连接的概率改善度分布指数，得到符合实际情况的幂率分布。此外，模拟结果与分析结果 $\gamma_{line} = 1 + 1/m \approx 2.05$，$\gamma_{exponent} = 2 - a + (1 - a)/m \approx 2.04$ 也存在一些差异，这是因为数理分析中采用均场方法所带来的误差，对于这个问题 Ballobas 进行了分析①，后文讨论中也有进一步的分析。此外本节数理分析中舍弃了(4-2)式的无穷小项，都对数理分析的结果造成了影响。这些可以通过主方程方法、马尔科夫链方法进行修正。由于本实验只需验证演化模型可以生成与实际知识网络相类似的度分布，证明在拓扑结构上具有一定的同质性，所以

① Bollobas B. Mathematical Results on Scale Free Random Graphs [A]// Bornholdt S., Schuster H. G., eds. *Handbook of Graphs and Networks—From the Genome to Internet*, Wiley-VCH, 2002: 167-256.

关于度分布的精确求解方法不在这里讨论。

(2)历时连接动态(历时老化)

由前文分析的结论可知，线性增长的历时连接(被引)次数是单调减少的，而指数增长的历时被连数是单调增加的。以下取不同时刻加入的节点进行考察，两种模式下分别取第 $t=20$ 时刻开始生成的 $n=10$ 个节点，第 $t=2\ 000$ 时刻开始生成的 $n=400$ 个节点，统计这些节点的历时连接情况，统计结果如图 4-2 所示。

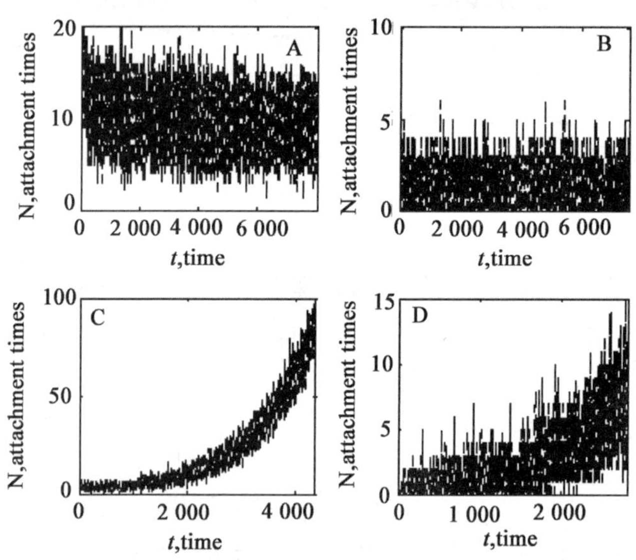

图 4-2　线性 & 指数增长模式下节点的被连接次数变化图

由图 4-2(A)(B)可见，在线性增长模式下，$t=20$ 时刻处产生的 10 个节点的历时被连数单调减少，$t=2\ 000$ 时刻处产生的 400 个节点的历时被连数下降不明显。图 4-2(C)(D)可见，在指数增长模式下，$t=20$ 时刻处产生的 10 个节点的历时被连数单调上升，$t=2\ 000$ 时刻处产生的 400 个节点的历时被连数也是单调上升的，与前文数理分析结果一致。

图 4-2 表示不同时刻产生的节点历时连接(被引)次数，其中，

(A)和(B)是线性增长模式下的连接情况；(C)和(D)则是指数增长模式下的历时连接情况；(A)和(C)是 $t=20$ 时刻开始生成的 $n=10$ 个节点的历时被连数；(B)和(D)是 $t=2\ 000$ 时刻开始生成的 $n=400$ 个节点的历时被连数。此实验 2 000 时刻处截取了较多节点，是因为后加入节点的连接数较少，为了使图形更清晰，所以作这样的处理。

4.2.5　结果讨论

本节参照 BA 网络构造的办法，建立了知识演化的过程模型，针对不同增长模式条件下的增长老化问题进行了分析。以下对文中存在的一些问题及结论进行讨论：

1)当知识节点为连续变化的收敛性增长时，知识网络的度分布是相同的，度分布与增长函数无关。线性增长、对数增长、logistic 增长等均为收敛性增长，所以在这几种增长模式下，知识网络的度分布都是 $2+1/m$ 。至于特异的非连续性变化的增长，本节没有作讨论，且均场方法不能用于求解此类问题。

2)发散性的指数增长比前述几种收敛性增长模式具有更小的度分布指数，且增长速度越快，度分布指数越小。由此可见，在指数增长条件下，知识网络的连接数分布要平坦一些，反应在知识利用上，即“富者更富”的分化现象要弱一些。倘若将分布较平坦理解为较高的知识利用率，那么指数分布是上述所有分布之中，更有利于知识传播、知识利用的增长模式。指数增长的增长参数越大，则度分布指数越小，从而连接数分布越平坦。对于这个问题，可能作如此解释：指数增长的速度过快，则次序一时难以形成，从而提高了知识的利用效率；而当速度减缓、序结构稳定之后，则开始出现明显的分化现象。秩序在非平衡态过程中逐渐形成，同时，秩序的固化又导致了事物的分化，从而埋下打破这一秩序的种子。

3)当知识节点为连续变化的收敛性增长时，知识节点的历时被连数是单调下降的。收敛性增长即增长率越来越小，趋于零或常数。总体的知识节点数越来越多，而后续加入的知识节点增长却没有加快，故而每个节点所能分的被连概率单调减少，这一点是符合现实的。而指数增长条件下，节点数的增长率是加速上升的，则前续节点所能分配到的被连概率单调增加。

4) logistic 函数和 P. H 阶跃循环函数可视为基本函数的复合函数，例如 logistic 函数可以看出指数函数、线性函数、对数函数的依次连接；P. H 阶跃循环函数视为 logistic 函数的首位连接叠加。它们的增长特征不能一概而论，需要结合各阶段的情况进行分析，比如在 logistic 增长的前部，就满足指数增长的特征。

5) 关于度分布的不一致问题。度分布在数理分析、模型仿真和实际统计三个方面都不相同，这是否说明本节建立的模型不可靠？不同的原因在哪里？实际统计是没有疑问的，造成另两个数据与之不一致的原因有以下几点：首先，对于数理分析的度分布，它是通过均场方法求得的，而这种方法是没有排除对相同节点的重复连接的，这一点 Ballobas 进行了分析①，而在仿真实验中却排除了重复连接，这会使得仿真结果度分布要均匀些，所以仿真结果的幂指数要偏小些。文中数理分析结果稍大于 2，仿真结果稍小于 2，这是符合逻辑的。其次，二者均小于实际统计结果，且相差较大，这是因为存在另外的因素影响度分布，比如时间因素，对于这个问题我们将在后续文章中进行探讨。再次，通过引入时间因素构建概率模型，即可得到满足实际统计的结果。故而，度分布不一致并不影响本模型的所得出结论的意义。

6) 文章中对知识的增长取的是一个一般性的函数，针对其讨论也是较为一般化的讨论，这样分析的目的是为了更加鲜明地表示知识的增长率（增长速度）变化对知识增长老化的影响。此外，这样处理也使得分析的结论的适用范围可以放得更宽，使得后续的研究可以在更加一般化的条件下进行讨论。不过泛化的处理，也带来了一些更加复杂的问题，比如增长函数的连续、可微可积性问题等，这些在文章中没有作讨论，结论以命题的形式给出，要求函数

---

① Bollobas B. Mathematical Results on Scale Free Random Graphs [A] // Bornholdt S., Schuster H. G., eds. *Handbook of Graphs and Networks-From the Genome to Internet*, Wiley-VCH, 2002: 167-256.

满足连续性理论，即收敛到连续函数，这也是均场分析方法的基础。不过，由于当前提出的一个增长函数更多的是一些初等函数及其复合函数，文中结论也更多地基于这些函数的分析。

4.3　增长老化与知识节点产生时点的关系

知识的增长和老化之间有何内在联系？而增长老化与知识产生时点之间是否又有关联？知识增长老化的形式多种多样，增长有指数增长、logistic 增长、线性增长、阶跃函数增长，以及大量修正模型①。老化从历时和共时角度提出的都是负指数模型，然而老化曲线却是各式各样，Avramescu 总结了前人的观点，按照不同质量、不同种类文献的老化趋势，将文献的老化描述为四种典型特征的老化曲线②，如图 4-3 所示，文献的老化与文献本身的质量、价值有关。较详尽的介绍在上一节中已经进行分析，这里不再赘述，单对以前的研究作一个简单的小结以引出下文：

1）此前对知识增长与老化的研究更多是描述性和实证性的，是对现象的描述和归纳，较少涉及分析形成相应现象的内在机理。

2）较少考虑增长和老化之间的内在联系，较少将增长和老化作为一个整体来进行考察。

3）知识产生的时点与知识的增长老化之间是否有关系，在学科发展的不同阶段产生的知识，其增长老化是否一样？这个问题之前也较少涉及。

鉴于 logistic 增长的良好综合性特征，可以很好地反映一个完整的知识生长阶段。本节沿用上文知识网络演化模型，重点考察在此种增长模式下演化网络的拓扑结构和知识节点的历时老化特征，探讨增长与老化之间，以及它们与知识产生时点之间的关系。

---

① 邱均平．信息计量学[M]．武汉：武汉大学出版社，2003.

② Avramescu A. Actuality and Obsolescence of Scientific Literature [J]. *Journal of the American Society for Information Science*, 1979, 30: 296-303.

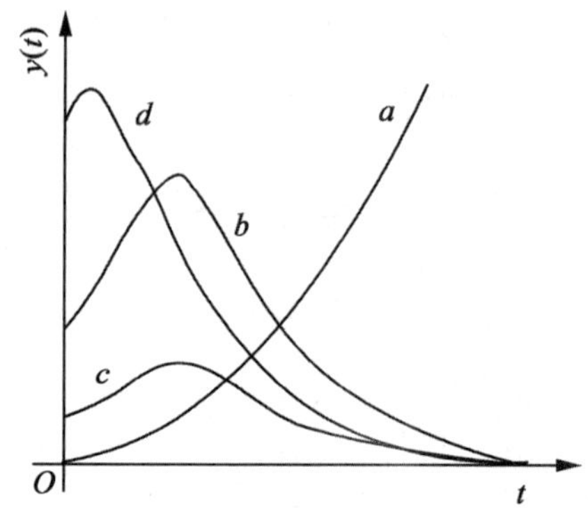

图 4-3　历时老化曲线(Avramescu，1979)

注：横轴表示时间，纵轴表示历时被引证次数；*a* 描述才华横溢而到后来才被认识的论文，使用量逐渐增大，在相当长时间内不表现为老化；*b* 描述文献被广泛接受，老化速度较慢；*c* 描述一直不被重视，老化速度慢；*d* 表示一经发表就受到重视，但后续很快老化。

4.3.1　方法与目标

以 4.2 节所构造模型为基础，本节也从增长和连接两个过程进行分析，并且进一步考虑以下几个方面因素的影响：

1) 节点的增长方式，采用 logistic 函数增长模式。在 CA 模型及 BA 模型中均假设每时间步只增长一个节点，它们这样处理对于网络的拓扑结构的影响不大，但是对于分析增长老化行为是有很大影响的。而之所以采用 logistic 函数增长是因为这种增长模式的认同度较高，具有很好的代表性，且阶跃式增长也是以它为基础的。

2) 仅考虑入度对后续连接的影响。BA 网络不区分出度和入度，而 CA 模型只考虑入度的驱动，本节采纳 CA 模型的原则，仅考虑入度对连接的驱动作用。这是因为论文大量的被引证会为其带来更多地被引(马太效应)，具有群体性行为的一般特征，具有客观性。而出度代表的是文章的参考文献数量，它更多反映的是个体

的偏好和行为。

目标主要是分析知识节点的增长老化之关系，以及增长老化与知识节点产生时点之关系。其中增长老化的关系主要是看不同的增长模式下，其老化情况是否一致，这个问题在上文中进行了分析，本节基于 logistic 增长的讨论进一步深化这一认识。而增长老化与知识节点产生时点之间的关系则考虑在不同时点加入的知识节点，其历时被连接数是否有差别。

4.3.2　Logistic 增长网络

假设条件与 4.2 节一致，只是将增长环节设定为 logistic 增长，具体的函数采用庞景安著作中①的形式，作出如下假设：

1) 节点的 logistic 增长，每时间步增长的节点数量是时间的函数。假设 t 时间步时累积的节点增加量为 $L(t)=N(1+be^{-aNt})^{-1}$ 取整，其中 N 为增长的最大数量，a，b 均为增长的参数；则第 t 步增加的节点数为：

$$l(t)=L'(t)=abN^2e^{-aNt}(1+be^{-aNt})^{-2} \tag{4-16}$$

其中节点数 $l(t)$ 取整。

2) 节点的出度取一确定值。

3) 择优连接与节点入度成正比，具体含义和解释见第 3 章第 2 节。

以增长和连接机制构建科学知识网络演化模型，模型的构造算法如下：

1) 增长：从一个具有 m_0 个节点的网络开始，第 t 时间步增加 $abN^2e^{-aNt}(1+be^{-aNt})^{-2}$ 个新的节点，加入知识网络之中，其中 $m_0=l(0)=abN^2(1+b)^{-2}$。

2) 连接机制：采用入度优先连接机制。

---

① 庞景安．科学计量研究方法论[M]．北京：科学技术文献出版社，1999.

4.3.3 网络结构分析

4.3.3.1 节点入度分布

时间步 i 加入的节点的平均入度记为 k_i，第 t 时间步增加的节点数为 $abN^2e^{-aNt}(1+be^{-aNt})^{-2}$，则增加的连接数等于 $mabN^2e^{-aNt}(1+be^{-aNt})^{-2}$。前 $t-1$ 时间步所有节点的入度和等于：

$$\sum_i (k_i+1) = (m+1)\left[N(1+be^{-aNt})^{-1} - abN^2e^{-aNt}(1+be^{-aNt})^{-2}\right] \tag{4-17}$$

取近似值 $N(m+1)(1+be^{-aNt})^{-1}$。按照节点的入度选择优先连接的节点，由对称性可知 i 时间步加入的节点具有相等的入度，则这些节点的连接概率均为：

$$\begin{aligned}\prod(i) &= \frac{k_i+1}{\sum_j (k_i+1)} \approx \frac{(k_i+1)l(i)}{(m+1)N(1+be^{-aNt})^{-1}} \times \frac{1}{l(i)} \\ &= \frac{k_i+1}{(m+1)N(1+be^{-aNt})^{-1}}\end{aligned} \tag{4-18}$$

采用均场方法(mean-field approach)①求解，上述模型的动力方程为：

$$\begin{aligned}\frac{\partial k_i}{\partial t} &= mabN^2e^{-aNt}(^1+be^{-aNt}) - 2\frac{k_i+1}{\sum_j (k_j+1)} \\ &= mabN^2e^{-aNt}(^1+be^{-aNt}) - 2\frac{k_i+1}{(m+1)N(1+be^{-aNt})^{-1}} \\ &= (k_i+1)ambNe^{-aNt}(^m+1)-1(^1+be^{-aNt})-1\end{aligned} \tag{4-19}$$

由初始条件 $k_i(i)=0$，求解得 i 时间步加入的节点在 t 时刻的度：

$$k_i = -1 + \left(\frac{1+be^{-aNi}}{1+be^{-aNt}}\right)^{\frac{m}{m+1}} \tag{4-20}$$

由于 i 为 t 上的 logistic 分布，故分布函数为 $P(i) = \dfrac{L(i)}{L(t)} =$

---

① Barabási A. L., Albert R., Jeong, H. Mean-field Theory for Scale-free Random Networks [J]. *Physica A*, 1999, 272: 173-187.

$\frac{1+be^{-aNt}}{1+be^{-aNi}}$，则可求得概率函数：

$$\begin{aligned}P\{k_i(t)<k\} &= P\{k_i(t)<k\}\\ &= P\left\{i>-\frac{1}{aN}\ln\frac{1}{b}\left[(k+1)^{\frac{m+1}{m}}(1+be^{-aNt})-1\right]\right\}\\ &= 1-(k+1)^{\frac{m+1}{m}}\end{aligned} \tag{4-21}$$

令 $t\rightarrow\infty$，得到网络密度函数：

$$p(k)=\frac{\partial P\{k_i(t)<k\}}{\partial k}=\frac{m+1}{m}(k+1)^{-\gamma} \tag{4-22}$$

其中 $\gamma=1+(m+1)/m$。解析结果显示，单纯入度驱动，即得增长网络是服从指数略大于 2 的无标度网络。根据多数统计分析发现，指数在 2.5 至 3 之间，这是因为还有其他的因素影响引文网络的度分布，比如时间因素。

4.3.3.2 增长与老化

节点的累积增长量服从 logistic 分布，增长率先单调上升，到达极值点后单调下降，最后增长率降为 0，在增长率发生变化的拐点处有 $L''(t)=0$，则：

$$L''(t)=a^2bN^3e^{aNt}(e^{aNt}+b)(b-e^{aNt})=0 \tag{4-23}$$

求解，得到节点 logistic 增长放缓的拐点：

$$t^{\alpha}=\frac{1}{aN}\ln b \tag{4-24}$$

而对于 i 时刻加入的节点的度的变化情况，令 $\frac{\partial^2 k_i}{\partial t^2}=0$，则有：

$$\frac{\partial^2 k_i}{\partial t^2}=e^{\frac{maNt}{m+1}}(e^{aNt}+b)^{\frac{m}{m+1}}\left[\frac{m}{m+1}(e^{aNt}+b)-\left(\frac{m}{m+1}+1\right)e^{aNt}\right]=0 \tag{4-25}$$

解得拐点为 $t^{\beta}=\frac{1}{aN}\ln\frac{bm}{m+1}$，即有 t^{β} 略小于 t^{α}，可得以下两点结论：

1）在本领域知识发展的扩张期（即知识节点加速增加的阶段）产生的节点 i，在 $t_i<t^{\beta}$ 阶段，节点 i 被引证的次数先是随时间单调增加；达到峰值之后，当知识发展进入萎缩期（即知识节点减速增加

的阶段)，即 $t_i > t^{\beta}$，则 i 被引证的次数是逐年减少的。

2)对于在萎缩期产生的节点，其被引证次数一直是随时间单调减少的。

将此结论对照 Avramescu 的分析，可以发现，t^{β} 之前产生的节点可以呈现 a,b,c 几种形态，而 t^{β} 之后产生的节点，则如 d 所表现的一直衰减形态。上升期产生的节点，其指数增长特征明显，然而经历过上升达到峰值之后还是会衰减的。

4.3.4 仿真实验

4.3.4.1 目标

我们采集了数据展开实证分析，并且针对演化模型采用 MATLAB 编程进行仿真实验，把模拟结论与统计结果及当前已有的一些研究进行比较分析，以说明这一模型的有效性和结论的合理性。由于我们所掌握的数据的有限，不能完全通过实际数据证实这些结论，所以本实验是实证、引证、模拟和论证结合的。实验目标主要有以下两点：

1)验证节点入度分布。度分布是演化网络拓扑特征的一个最主要指标，通过模拟本节统计节点 logistic 增长和入度驱动连接下的网络度分布，并采用实际数据进行比较分析。

2)验证知识的老化与知识产生时间的关系。由于这需要整个 logistic 生长周期的数据，方可以进行确切的实证分析，而我们所掌握的数据的限制，对这一部分目前还不能进行实证，只能通过对模型的仿真模拟观察结果。

4.3.4.2 数据分析

采用关键词“Cmplex networks”，采集了 ISI 上 SCIE(1999 年至 2010 年 12 月)和 SSCI(1898 年至 2010 年 12 月)两个库 21 992 条数据，这些数据仅包含“Article”、“Proceedings paper”和“Letter”三种文献类型，排除了“Editorial material”、“Review”等类型。这是因为前三种类型能好地体现知识的创新和继承关系，且文献在写作模式上具有很好的一致性，而 Review 等属于总结、概括性的文献，与前述几种具有较大的差别，所以本节中没有对其进行考虑，而仅选择了前三种。

经过数据完整性、去重等处理,得到 18 060 条有效数据。为保持网络的单纯性和类型的一致性,对数据的参考文献也进行过滤,排除图书、网址等非上述三种主要类别的其他文献类型的影响。得到以下关键数据:总记录数 18 060,总参考文献数 318 202,则平均参考文献数量 $< k > = 17.6$,时间跨度 24 年(1976—2010),其中 1999 年 1 月至 2010 年 12 月的数据占总体数据的 97.56%。从图 4-4 文献数量增长来看,是呈指数函数增长的,说明复杂网络领域的研究还处于扩展期,故而,本数据集不能用来证实目标中的②结论。

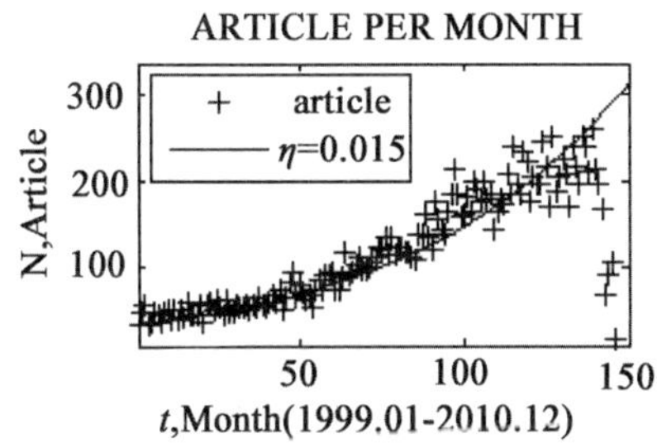

图 4-4 文献的累积增长(Complex networks 领域,1999. 1—2010. 12,ISI)

注:上图不是文献的累积增长,按月统计,其中 X 轴的 1 刻度对应 1999. 1,(+)表示每月发表的文献数,最小二乘法得到拟合曲线,为指数增长曲线 $y(t) = \theta e^{\eta t},(\theta = 33,\eta = 0.015)$。

从图 4-5 可以看出,知识网络的入度分布满足指数为 2. 5 的幂率函数,这与 Price 等的统计结果基本是一致的。

4.3.4.3 模型实现

根据前续结论,设计仿真实验的参数。logistic 模型中需要确定的主要有这样几个参数:最大增长量,实验中将之设为 $N = 40\ 000$,这样可以和前一篇文章形成比较;增长速度与指数增长的关系为 $a = \theta/N$,而 $\theta = 0.015$,故有 $a = \theta/N = 0.375 \times 10^{-6}$;每个节点发出的连接数取均值 $m = < k > = 18$;由 $m_0 > m$,设初始时间步存在的节点数设为 $m_0 = 20$,通过计算 logistic 增长的初始条件,有参数 $b = \frac{N - m_0}{m_0} = 1999$;连接度变化的拐点为 $t^\beta = \frac{1}{aN}\ln \frac{bm}{m + 1} = 503.1$。

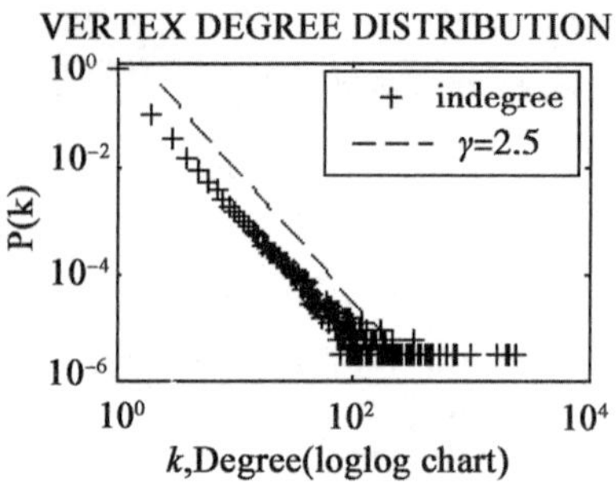

图 4-5 入度分布图(Complex networks 文献,1999. 1—2010. 12,ISI)

(1)度分布

按照上述参数设计进行 MATLAB 编程,模拟知识演化模型。因为度分布为描述复杂网络拓扑特征的最主要指标之一,所以这里统计了演化网络的度分布,结果如图 4-6 所示:

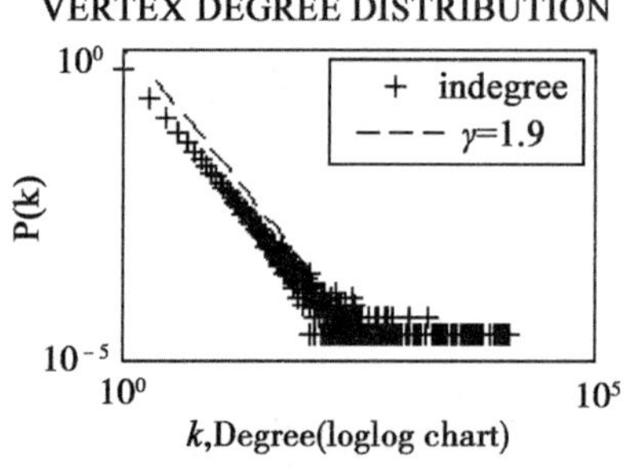

图 4-6 增长(logistic)网络中节点的入度分布图

观察图 4-6,发现演化模型满足幂率分布,与图 4-3 基本是一致的。幂率指数为 1. 9,与实际统计结果的 2. 5 差别较大,关于这个问题,我们在后续研究中进行详细分析,认为是由于时间效应的影响,可以通过调节度优先连接的概率改善度分布指数,得到任意指数的幂率分布。此外,模拟结果与分析结果的 $\gamma = 1 + (m+1)/m \approx 2.05$ 也存在差异,这是因为数理分析中采用均场方法所带来的不精确性,并且数理分析中舍弃了(4-17)式的无穷小项,这些都对数理分析

造成了影响，这个问题在 4.2 节中已经进行分析。这些可以通过主方程方法、马尔科夫链方法进行修正。不过此书只需以此证明演化模型可以生成与实际知识网络相同的度分布，证明在拓扑结构上具有一定的同质性，所以关于度分布的精确求解方法不在这里讨论。

(2)历时连接数(历时老化)

相对历时被引次数，在这里历时连接即自节点产生之后逐年被连接的次数。由模型分析可知，节点的历时被连接次数与节点的产生时间是紧密相关的，取不同时刻加入的节点考察，选四个时点 $t = [0.2, 0.25, 0.75, 1.1]t^{\beta} = [100, 125, 376, 550]$，依次分别取此四个时刻开始所产生的 $n = [3, 6, 300, 900]$ 个节点，统计这些节点的历时连接情况，统计结果如图 4-7 所示：

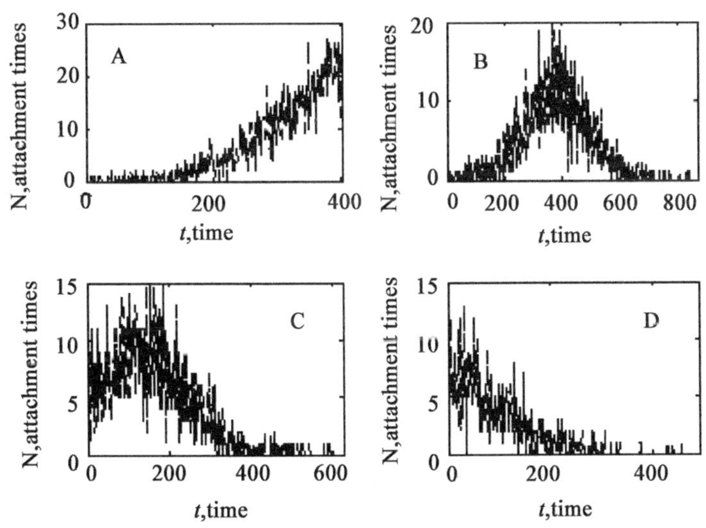

图 4-7 增长网络(logistic 增长)中不同时刻产生的节点的被引次数

注：A、B、C 和 D 依次分别对应从时刻[100，125，376，500]开始，产生的[3，6，300，900]个节点的历时被连接次数；此实验中后两个时间段 C、D 截取较多的节点是因为后加入节点的连接数较少，为了使图形更清晰，所以截取了较多节点；另外，A 图中曲线可与图 4-3(a)进行比较，表明明显老化还未到来。

比较图 4-7 中与图 4-3 中各种历时连接次数的图形形态，可以发现基本是相同的。学科领域发展之初产生的节点会有一个类似指数增长的快速上升的阶段，如图 4-7(A)所示；经历学科领域发展的鼎盛时期 t^{β} 之后，连接数便会开始衰减，如图 4-7(B)、(C)所示；衰退期加入的节点，从一开始连接数就是逐渐衰减的，如图 4-7(D)所示。关于连接数上升(或下降)的幅度，与知识所属领域的发展规模是正相关的。

4.3.5 结果讨论

将知识的增长老化作为一个整体进行分析，探讨知识增长老化过程模型，分析增长老化与知识产生时点之间的关系。以下就文中所构造的模型与得到的结论进行讨论：

1)知识的增长老化与知识所产生的时点以及知识所处的发展阶段具有重要的关联，这种关联性是客观的和普遍的。Avramescu 的论证指出了老化与知识质量的关系，知识的老化与每个作者的能力有关，是个体的和特别的；而本节得到的两个结论则揭示了增长老化之间的关联性，以及知识产生的时点和知识老化之间的联系，这种联系是一般的。倘若 logistic 增长是确信存在的，且增长连接机制是确信可靠的，那么本节所得出的知识增长老化的结论也就是确信可靠的。

2)在知识的发展期产生的知识节点，其被引数先是单调上升，经历知识增长率的顶峰之后，被引数开始下降；在知识发展的衰退期产生的知识节点，其被引数是单调下降的。在知识的加速增长期，学科发展空间大、研究人员多、资源投入力度大，故而知识增加量大、增加速度快，对前续知识的挖掘、利用增加，整个学科展现蓬勃发展的态势；而临近后期，学科凋零，研究人员转向其他领域，资源投入减少，则知识发展速度减慢，对前续知识的挖掘也减少。

3)结合上文中谈到的其他多种增长模式下的度分布和历时老化结论，可见知识的增长老化形态也是多种多样的。由上文可知，指数增长条件下，知识节点的历时连接数是单调上升的；在线性、

对数等收敛性增长条件下，知识节点的历时连接数是单调减少的。可以说，logistic 增长的前端是指数增长、中部是线性增长、尾端是对数增长，直至最后的零增长，相应地展现了事物产生、发展、长成到衰老的过程。

(4)度分布不一致，历时老化(历时被引)曲线的一些差异说明。度分布的不一致所造成的原因在上一节中已经进行说明，这里不再赘述。而图 4-3 与图 4-7 之间存在一些差异曲线：①幅度上的差异，本节所构建模型应用至不同发展规模的学科，则可以展现各种幅度的老化曲线；②本节中图 4-7(D)与 Avramescu 模型图 4-3(d)曲线存在一些差异，图 4-3(d)先有微小上升而后下降，可理解为文章发表之后，需要一段时间被大家认识到，引证过程存在一定的时滞。

4.4 连接边的增长机制

连接机制定义新旧节点之间的连接，反映了知识节点之间新旧交替的传承关系，它主要包含对这样两个问题的回答：新知识利用旧知识的依据是什么？它是怎样与旧知识发生联系的？传统的观点认为越重要、越经典的知识获得越多的连接。Simon 模型①、CA 模型②与 BA 模型③均是基于这种观点，认为知识节点倾向于与入度大的节点进行连接(BA 模型是连接度大的节点)，即连接概率与节点的入度成正比。这种度优先连接机制生成的知识节点度分布的极限形式为幂率函数，这几个模型也从宽泛层面揭示了马太效应的发生机理。然而现实知识网络具有更加独特的复杂性，还有其他的因素影响连接机制的作用，本节主要考虑以下两个方面因素的

① Simon H. A. On a Class of Skew Distribution Functions[J]. *Biometrika*, 1955, 42: 425-440.

② Price D. J. A General Theory of Bibliometric and Other Cumulative Advantage Processes [J]. *J. Amer. Soc. Inform. Sci.* 1976, 27: 292-306.

③ Barabási A. L., Albert R. Emergence of Scaling in Random Networks [J]. *Science*, 1999, 286: 509-512.

影响：

1）出度也即新节点发出的连接旧知识节点的边数，是随时间增长的。对于这个方面，Simon、Price 和 Barabási 和 Albert 在他们所提出的模型中，均将出度考虑为固定值，没有过多涉及，出度动态变化对知识网络拓扑结构也许不产生大的、质的影响，然而对知识网络中一些具体的指标却会带来数量上的较大变迁，这些指标在数量上的差异对于理解知识网络的意义却是很重要的。论文的平均参考文献数量是逐年增长的，Biglu 对 SCIE 上近 40 年的抽样数据统计表明，篇均参考文献数量由 1970 年的 8.4 篇上升到 2005 年的 34.63 篇①（见图 4-8）。

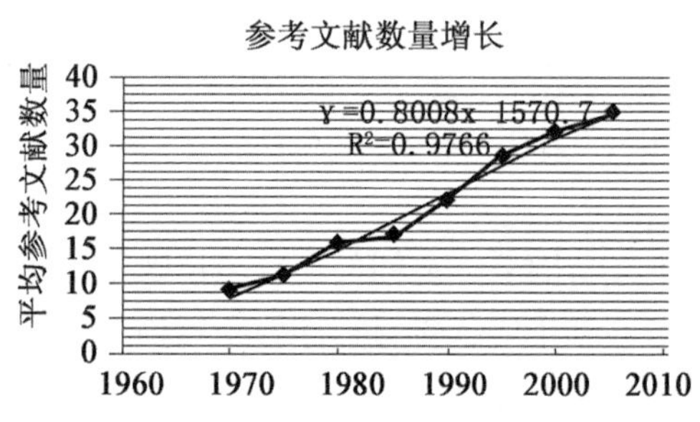

图 4-8　参考文献数量增长

注：平均参考文献变化图，数据取自 Biglu 文章②，参考文献数量即为知识节点出度，菱形曲线为实测数据曲线，实直线为其线性回归拟合曲线。

2）择优连接中的时间效应影响，知识节点不只倾向于连接高连接度节点，也偏好连接新近产生的节点。期刊论文的参考文献中，除了引用经典文献之外，也偏向于引用新近发表的文献。Price 认为约有 50% 的引证与论文发表时间有关，30% 的引证与近

① Biglu M. H. The Influence of References Per Paper in the SCI to Impact Factors and the Matthew Effect[J]. *Scientometrics*, 2008, 74(3): 453-470.

② Biglu M. H. The Influence of References Per Paper in the SCI to Impact Factors and the Matthew Effect[J]. Scientometrics, 2008, 74(3): 453-470.

期发表的文献是强相关的，而这 30% 之中约一半是对近 1 至 6 年发表的文章的引用①；然而在 BA 模型中，通过度择优则使得后加入节点更倾向于连接老节点，越早加入的节点具有越高的连接度，对新近加入的节点的连接则较少。

为了探寻知识前承后继、发展创新的关系，本节针对连接的不同增长机制，以构造知识网络的演化模型，考虑受时间效应、出度增长因素影响的知识网络，分析网络的拓扑结构，知识节点的增长与老化特征。

4.4.1　研究设计

参照 BA 模型，知识网络演化模型由两个步骤构造，分别是增长和连接：增长即往网络中增加新的节点，连接是新增节点与老节点进行连接。而关于新节点与哪些老节点建立连接则取决于连接的策略，本节中建立两种选择机制，分别是入度优先连接和时间优先连接。

1）连接的边数是 t 的增长函数，在单向的知识网络中出度则为 t 的增长函数；本节中分别考虑连接边线性增长和对数增长情况下的知识网络。因为根据 Biglu 的论文发现，论文平均参考文献数量近似线性增长②；而分析对数增长是考虑到人的能力的有限性，认为这种增长从长期来看是会减速的，Krapivsky 和 Redner 统计《物理评论》在 110 年里发表的文章发现，每篇文章引用的参考文献数目随文章发表时间呈对数增长③。

2）度优先连接机制和时间优先连接机制同第 4.2 节。

模型构造的两个主要目标是：①考察出度线性增长、对数增长条件下的知识网络拓扑结构，分析不同边增长机制对网络结构的影

① Price D. J. Networks of Scientific Papers [J]. *Science*, 1965, 149: 510-515.

② Biglu M. H. The Influence of References Per Paper in the SCI to Impact Factors and the Matthew Effect[J]. *Scientometrics*, 2008, 74(3): 453-470.

③ Krapivsky P. L., Redner S. Network Growth by Copying [J]. *Physical Review E*, 2005, 71: 036118.

响；②关注本系列论文的另一个重要问题，即考察知识节点的老化问题。

4.4.2 演化网络

科学知识网络的构成及演化受诸多因素影响，为了模型研究的重点突出及讨论的一般性和简洁性，作出如下假设：

1）每时间步增加的节点数设为定值，这里不妨取为1。为了讨论的简便性和一般性，假设每时间步增加一个节点，这种处理方式也被CA模型及BA模型所采纳。知识的增长有多种模式，即使目前看来，就有线性增长、指数增长、logistic增长和阶跃增长等多种说法和模型，在前两节内容中已经详细考虑节点其他增长模式的情况。

2）新加入节点所发出的连接旧节点的连接边数是时间 t 的函数，记为 $e(t)$。本节中将讨论 $e(t)$ 是线性函数和对数函数两种情况。

3）节点被连接的概率与节点的入度和加入时间有关，并且以一定概率采用度优先连接机制，以一定概率采用时间优先连接机制。度择优仅考虑入度的影响，即节点的连接概率与该节点的入度成正比，而时间择优则是节点的连接概率与其加入的时刻成正比。时间择优采用超线性关系，这是因为人们对于新近发表的文献较为敏感，而对于较早发表的文献往往不加区别。

以增长和连接机制构建科学知识网络演化模型，网络的构造算法如下：

1）增长：从一个具有 m_0 个节点的网络开始，每次引入一个新的节点。

2）连接：新节点连接到 $e(m, t)$ 个已存在的不同节点上（$m \leqslant m_0$），m 为首次的连接数，按如下概率选择节点进行连接操作：①以概率 p 采用入度优先连接；②以概率 q 连选择时间优先连接。

可见，连接机制与第4.2节是相同的，只是连接数变成了非平稳增长，由稳定的 m 条边变成 $e(m, t)$ 条边。

4.4.3　网络结构分析

4.4.3.1　入度分布及节点老化

记 i 时间步加入的节点在 t 时间步的入度为 k_i，忽略初始节点 m_0 的影响，第 t 时间步加入的连接数为 $e(m,t)$。前 $t-1$ 时间步知识网络中的连接数等于 $\sum_i (k_i+1)=E(m,t-1)$。按照节点的入度选择优先连接的节点，则节点的连接概率为 $\prod_i=\frac{k_i+1}{\sum_j (k_j+1)}=\frac{k_i+1}{E(m,t-1)}$。初始节点的时间步均取为 1，忽略初始节点的时间影响，时间步与节点号取等，即有 $t_s=s$，得到 $\sum_s t_s^\lambda \approx \int_1^t s^\lambda ds = \frac{1}{\lambda+1}(t^{\lambda+1}-1)\approx \frac{1}{\lambda+1}t^{\lambda+1}$，即有 $\prod(r)=\frac{t_r^\lambda}{\sum_s t_s^\lambda}\approx\frac{(\lambda+1)r^\lambda}{t^{\lambda+1}}$。采用均场方法（mean-field approach）①求解，上述模型的动力方程为：

$$
\begin{aligned}
\frac{\partial k_i}{\partial t} &= e(m,t)\left[p\frac{k_i+1}{\sum_j (k_j+1)}+q\frac{i_r^\lambda}{\sum_s t_s^\lambda}\right] \\
&= e(m,t)\left[p\frac{k_i+1}{E(m,t)}+q\frac{(\lambda+1)i^\lambda}{t^{\lambda+1}}\right]
\end{aligned} \tag{4-26}
$$

情形 1：线性增长

节点的连接数为线性函数增长，不妨设第 t 时间步需加入的连接数为 $e(m,t)=at$，取整为 $[at]$，则此时入度和为 $E(m,t)=\sum_1^{t-1}(ai+1)=\frac{a}{2}t(t-1)+t-1$，由连续性理论（continuum theory）取近似 $\frac{a}{2}t(t-1)+t$，对于大 t，忽略高阶无穷小 $\frac{(\lambda+1)i^\lambda}{t^{\lambda+1}}$，故有：

---

① Barabási A. L., Albert R., Jeong H. Mean-field Theory for Scale-free Random Networks[J]. *Physica A*, 1999, 272: 173-187.

$$\frac{\partial k_i}{\partial t} \approx e(m,t)p\frac{k_i+1}{E(m,t)}$$

$$= at\frac{2p(k_i+1)}{at(t-1)+2t} \tag{4-27}$$

记初始条件为 $k_i(i)=0$,求解得 i 节点在 t 时刻的度:

$$k_i = -1 + \left(\frac{at+2-a}{ai+2-a}\right)^{2p} \tag{4-28}$$

由 i 为 t 上的均匀分布,密度函数为 $\rho(i)=1/t$,则有概率函数:

$$P\{k_i(t) < k\} = P\left\{i > \frac{1}{a}[(at+2-a)(k+1)^{-\frac{1}{2p}} + a - 2]\right\}$$

$$= 1 - \frac{1}{t} \times \frac{1}{a}[(at+2-a)(k+1)^{-\frac{1}{2p}} + a - 2]$$

$$= 1 - \frac{at+2-a}{at}(k+1)^{-\frac{1}{2p}} - \frac{a-2}{at} \tag{4-29}$$

令 $t\to\infty$,得到网络度分布密度函数:

$$p(k) = \lim_{t\to\infty}\frac{\partial P\{k_i(t) < k\}}{\partial k} = \lim_{t\to\infty}\frac{at+2-a}{at}\frac{1}{2p}(k+1)^{-\frac{1}{2p}-1}$$

$$= \frac{1}{2p}(k+1)^{-\gamma} \tag{4-30}$$

其中 $\gamma = \frac{1}{2p}+1$。此时当 $p \in \left[\frac{1}{4},\frac{1}{3}\right]$ 时,有 $\gamma \in [2.5,3.0]$。

考虑节点的历时被引数问题,结合(4-26)及(4-27)式,计算节点 i 的连接度随 t 的变化情况:

$$\frac{\partial k_i}{\partial t} = \frac{2ap}{ai+2-a}\left(\frac{at+2-a}{ai+2-a}\right)^{2p-1} + aq\frac{(\lambda+1)i^{\lambda}}{t^{\lambda}} \tag{4-31}$$

有 $\frac{\partial k_i}{\partial t} > 0$,即在 i 时刻加入的节点的连接度是单调上升的。再计算上升的速度变化情况:

$$\frac{\partial^2 k_i}{\partial t^2} = \frac{2p(2p-1)a^2}{(ai+2-a)^2}\left(\frac{at+2-a}{ai+2-a}\right)^{2p-2} - aq\frac{\lambda(\lambda+1)i^{\lambda}}{t^{\lambda+1}} \tag{4-32}$$

上式中当 $p < 0.5$ 时,始终有 $\frac{\partial^2 k_i}{\partial t^2} < 0$,即节点的连接度增长速

度越来越慢，自节点加入知识网络，它的历时连接数就是单调下降的；而当 $p>0.5$ 时，可能有 $\frac{\partial^2 k_i}{\partial t^2}>0$，即节点的连接度增长速度越来越快，自节点加入知识网络，它的历时连接度就是单调上升的。

情形2：对数增长

节点的连接边数为对数函数增长，知识网络入度和与出度和相等，不妨设第 t 时间步需加入的边数为 $e(m,t)=m\ln t$，取整为 $[m\ln t]$，则此时入度和取近似 $E(m,t)\approx\int_1^t m\ln i di=mt(\ln t-1)\approx mt\ln t$。对于对数增长，史定华等采用马氏链方法进行求解①，然而这种方法最终也只能通过矩阵的迭代计算得到近似解，不能得到解析结果。忽略高阶无穷小 $\frac{(\lambda+1)i^{\lambda}}{t^{\lambda+1}}$，故有：

$$\begin{aligned}\frac{\partial k_i}{\partial t}&\approx e(m,t)p\frac{k_i+1}{E(m,t)}\\&=(m\ln t)p\frac{k_i+1}{mt\ln t}\end{aligned}\tag{4-33}$$

记初始条件为 $k_i(i)=0$，求解得 i 节点在 t 时刻的度：

$$k_i=-1+(t/i)^p\tag{4-34}$$

由 i 为 t 上的均匀分布，密度函数为 $\rho(i)=1/t$，则有概率函数：

$$\begin{aligned}P\{k_i(t)<k\}&=P\{i>t(k+1)^{-\frac{1}{p}}\}\\&=1-\frac{1}{t}\times t(k+1)^{-\frac{1}{p}}\\&=1-(k+1)^{-\frac{1}{p}}\end{aligned}\tag{4-35}$$

令 $t\to\infty$，得到网络度分布密度函数：

$$p(k)=\frac{\partial P\{k_i(t)<k\}}{\partial k}=\frac{1}{p}(k+1)^{-\gamma}\tag{4-36}$$

其中 $\gamma=\frac{1}{p}+1$。当 $p\in\left[\frac{1}{2},\frac{2}{3}\right]$ 时，有 $\gamma\in[2.5,3.0]$。

---

① Shi D. H., Chen Q. H., Liu L. M. Markov Chain-based Numerical Method for Degree Distribution of Growing Networks[J]. *Phys. Rev. E*, 2005, 71: 036140.

考虑节点的历时被引数问题,结合(4-26)式及(4-35)式,先计算节点 i 的连接度随 t 的变化:

$$\frac{\partial k_i}{\partial t} = \frac{p}{i}\left(\frac{t}{i}\right)^{p-1} + q\frac{(\lambda + 1)i^{\lambda}m\ln t}{t^{\lambda+1}} \tag{4-37}$$

有 $\frac{\partial k_i}{\partial t} > 0$,即在 i 时刻加入的节点的连接度是单调上升的。再计算上升的速度变化情况:

$$\frac{\partial^2 k_i}{\partial t^2} = \frac{p(p-1)}{i^2}\left(\frac{t}{i}\right)^{p-2} + aq\lambda(\lambda + 1)i^{\lambda}\frac{1-(\lambda + 1)\ln t}{t^{\lambda+2}} \tag{4-38}$$

上式中 $p-1 < 0, 1-(\lambda + 1)\ln t < 0$,故始终有 $\frac{\partial^2 k_i}{\partial t^2} < 0$,即节点的连接度增长的速度越来越慢,自节点加入知识网络,它的历时连接度就是单调下降的。

4.4.3.2 时间的影响

前文中将时间择优项作为高阶无穷小忽略了,这里单独对其进行分析(即取 $q=1$)。考虑时间因素对网络拓扑结构的影响,不妨假设连接单独受时间择优机制的影响,则有:

$$\frac{\partial k_i}{\partial t} = e(m,t)q\frac{i_r^{\lambda}}{\sum_s t_s^{\lambda}} = e(m,t)q\frac{(\lambda + 1)i^{\lambda}}{t^{\lambda+1}} \tag{4-39}$$

1)当知识节点出度为线性增长时 $e(m,t)=at$ 时:

$$k_i = \frac{iaq(\lambda + 1)}{\lambda - 1}\left[1-\left(\frac{i}{t}\right)^{\lambda-1}\right] \tag{4-40}$$

当 $t\to\infty$,有 $k_i = \frac{iaq(\lambda + 1)}{(\lambda - 1)}$,$k_i$ 是节点的加入时间 i 的线性函数,加入越晚,则被连接次数越多。

2)当知识节点出度为对数增长时 $e(m,t)=m\ln t$ 时:

$$k_i = \frac{mq(\lambda + 1)}{\lambda^2}\left[(1+\lambda\ln i)-(1+\lambda\ln t)\left(\frac{i}{t}\right)^{\lambda}\right] \tag{4-41}$$

当 $t\to\infty$,有 $k_i = \frac{mq(\lambda + 1)(1+\lambda\ln i)}{\lambda^2}$,$k_i$ 是节点的加入时间 i 的对数增长函数,加入越晚,被连接次数越多,不过增长的速度越

来越慢。

3) 知识节点出度是定值的情况在我们的第 3 章第 2 节中讨论过，这里列出结果，即当 $e(m,t)=m$ 为常数增长时：

$$k_i = \frac{mq(\lambda+1)}{\lambda}\left[1-\left(\frac{i}{t}\right)^{\lambda}\right] \tag{4-42}$$

当 $t\to\infty$，有 $k_i=\dfrac{mq(\lambda+1)}{\lambda}$，$k_i$ 是定值，为 t 上的均匀分布。

可见，时间择优连接会使得后续连接更多的偏向于后加入节点。当时间择优取为超线性关系时，节点的连接数与边的增长速度成正相关，且是线性同构的。

4.4.4　仿真实验

4.4.4.1　演化模型

由于对于不同的学科领域，知识连接数的增长速度等是有差异的，本节的主要目的在于探讨不同连接机制下知识网络的行为和拓扑特征。经过反复实验，度分布及历时连接数满足要求的一组实验结果如图 4-9 所示：

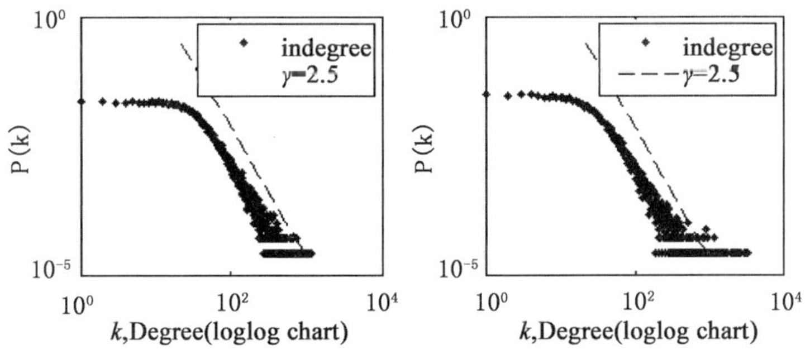

图 4-9　不同连接机制下的度分布

图 4-9 左图是连接边线性增长条件下的度分布，增长速度取 $a=0.002$，初始时间步存在的节点数 $m_0=250$，运行 $t=40\ 000$ 次，总节点数 $N=40\ 000$，度优先连接的影响概率 $p=0.75$，时间效应的影响

概率 $q=0.25$,影响指数 $\lambda=1.3$;右图是连接边对数增长条件下的度分布,$m_0=8$,连接边初始值 $m=4$,运行 $t=40\ 000$ 次,总节点数 $N=40\ 000$,度优先的连接概率 $p=0.66$,时间效应的影响指数 $\lambda=1.3$。

图表 4-10 中,左图是连接边线性增长条件下的第 1 000 至 1 500 时间步产生的节点的历时连接数;右图是连接边对数增长条件下的第 1 000 至 1 500 时间步产生的节点的历时连接数;其他条件同图4-9。

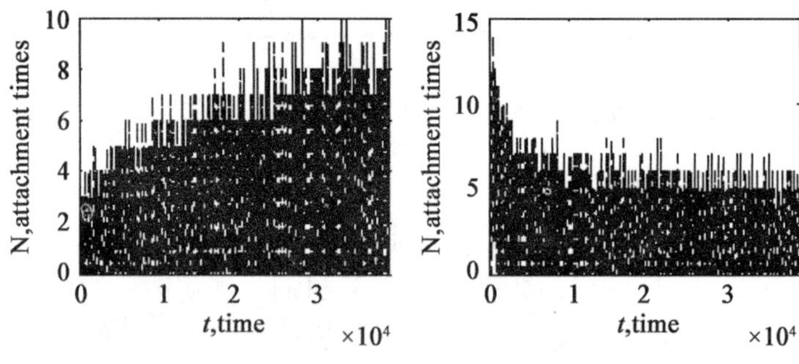

图 4-10　不同边增长机制下的历时连接数

如图 4-9、图 4-10 所示:①在出度对数增长条件下,模拟实验结果与解析结果是一致的,度分布的幂指数为 $\gamma=1+1/p$,节点的历时连接数单调下降;②在出度线性增长条件下,实验结果与解析结果存在较大的差别,当 $p=0.33$ 会得到很大的幂指数,几乎近似指数分布;只有当 $p=0.75$ 时才满足指数为 2.5 的幂率分布,此时所选节点的历时连接数也是单调上升的。度分布前端的弯曲与 Redner 的描述①是一致的。

4.4.4.2　时间效应

单纯时间效应作用的条件下,节点的度分布及节点加入时间与节点历时连接数的关系,如图 4-11 所示,两种出度增长模式下,节点

① Redner S. How Popular is Your Paper? An Empirical Study of the Citation Distribution [J]. *Eur. Phys. J. B*,1998,4:131-134.

的度分布均较为集中，其中在线性连接数增长模式下，节点度主要集中在 20 ~ 30 附近，在高连接度区域迅速衰减，在低连接度区域的比例也较少；而对于对数增长，则更多集中在 40 ~ 60，高低连接度两个部分也是较少的。实验直观看来，单纯时间作用条件下，度分布较为均匀，且有特征标度。

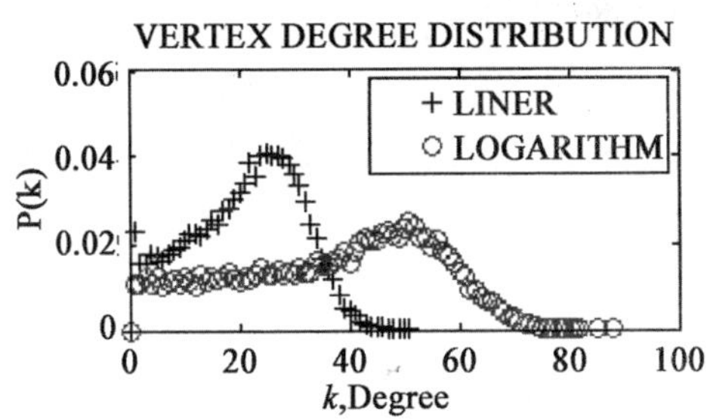

图 4-11　单纯时间作用下的度分布

注：(+)表示线性连接数增长下的度分布；(o)为对数连接数增长下的度分布。运行 t = 20 000 次，总节点数 N = 20 000，其他参数同图 4-3 所示。

数理解析认为，单纯时间作用条件下，当知识节点出度为线性增长时，节点的被连接次数与节点加入时间成正比；当知识节点出度为对数增长时，节点的被连接次数与节点加入时间的对数成正比，两种增长情形都应该表现出单调上升的图形。然而由图 4-12 也可看出，在两种增长模式下，节点的被连接次数均有衰减趋势，这是由于本节只选取 20 000 个点，连接过程是存在时滞效应的。

4.4.5　结果讨论

连接中主要考虑了两种连接机制，其一是度优先连接，其二是时间优先连接，度优先连接是形成了幂率分布的根本，而时间优先连接则促使对新近知识的利用。以下就模型与结论作出几点讨论：

1）不同出度增长模式对知识网络拓扑结构的影响。线性增长较对数增长要快，线性增长就形成的度分布 $\gamma_{liner} = \dfrac{1}{2p} + 1$，而连接

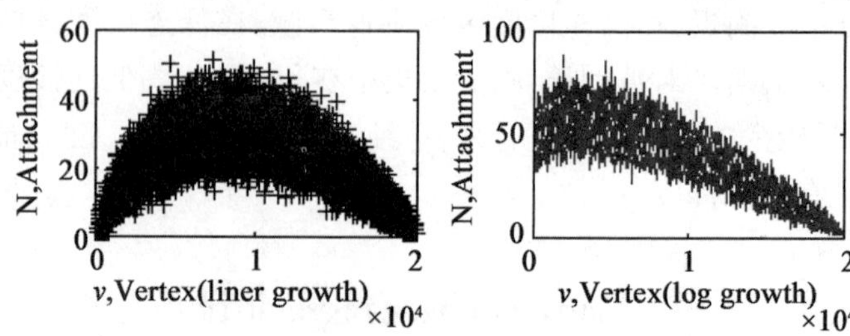

图 4-12 单纯时间作用下的节点连接度

注：其中节点按照加入时间依次排序；运行 t = 20 000 次，总节点数 N = 20 000，其他参数同图 4-3 中所示。

边对数增长形成的度分布为 $\gamma_{\log}=\frac{1}{p}+1$，要形成相同的度分布，例如使得 $\gamma=2.5$，则线性增长仅需选取较小概率的度优先连接。

2）出度为线性增长的度分布在函数解析和模拟实验中所表现的差异是什么原因造成的呢？为了探讨这个问题，进一步单独对线性边增长的连接机制进行分析。单独考虑连接边线性增长（取 $p=1$），如图 4-13 所示，满足指数为 1.5 的幂率分布，可见，前文解析结果是没有太大问题的。到底是什么原因造成线性增长度分布概率偏离，本节中没有找到合适的解释。

3）连接机制中时间效应的影响。时间效应使得就知识节点更多的连接新近产生的节点，而这又并不影响网络整体的拓扑结构。分析也表明，时间效应加大了后加入节点的连接度，加大了低连接度区域节点的连接度，自动平抑了度择优连接所形成马太效应的作用，这个结论与 Price 指出的时间作用①是一致的。

以往的知识演化过程分析多注重知识集中、分散的原理，构造的模型忽略了知识节点出度动态增长的情况。知识节点出度的增长会使得度分布更加均匀，且出度增长速度越快，度分布越平坦。当

① Price D. J. Networks of Scientific Papers [J]. *Science*, 1965, 149: 510-515.

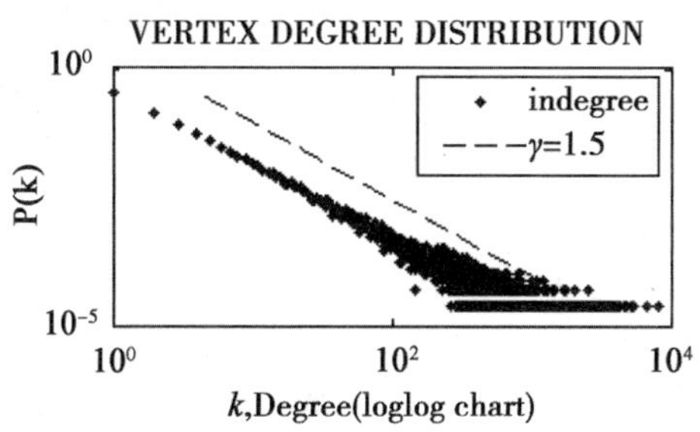

图 4-13　单纯线性边增长条件下的度分布

注：增长速度取 $a = 0.002$，初始时间步存在的节点数 $m_0 = 250$，运行 $t = 40\ 000$ 次，总节点数 $N = 40\ 000$。

出度为线性增长时，且度优先连接的作用程度较强时($p>0.5$)，知识节点的历时被连接数是单调上升的，并不表现为老化的现象；而作用较弱时($p<0.5$)，知识节点的历时被连接数是单调下降的。当知识节点出度为对数增长时，其历时被连接数均是单调下降的。由此推断，出度的增长模式是对数增长较为合理的，即期刊文章平均参考文献的逐年增长满足对数函数。

4.5　本章小结

为了探讨在不同增长模式下知识网络的拓扑结构，以及知识节点老化特征的变迁。本章第一节基于演化网络的理论构建了知识网络的演化模型，模型在增长机制中采用泛增长函数来分析知识网络节点度的分布，发现当节点增长率是连续变化的收敛函数时，度分布与增长模式无关。具体而言，当累积增长为线性函数、logistic 函数、对数函数等时，可以得到幂指数约等于 2 的无标度网络，而当增长函数为指数函数时，得到幂率指数则要略小一些。对于一些组合函数增长来说，logistic 函数的前部上升期近似为指数增长，而后续则开始萎缩，属于收敛性函数类别；阶跃函数增长则可视为首尾相连的 logistic 增长，长期特征与指数增长近似。

相对线性增长、对数增长等几种收敛性增长模式而言，指数增长模式下度分布的幂指数要小，连接数分布较为平坦，即文献的利用要更加分散，马太效应的影响相对较弱，没有其他增长形式那么"赢家通吃"的分化严重，可以认为指数增长模式更有利于知识利用和知识传播。且指数增长的速度越快，则度分布越平坦。可以得出，在知识增长的快速发展期，知识利用效率是相对较高的，知识利用的分化也较弱。

此外，对不同增长模式下的知识节点历时老化的分析发现：当增长函数为收敛函数时，知识节点的历时被连数是单调下降的。具体来说当累积增长为线性函数、对数函数等时，知识节点的历时被引是一直衰减的；而当增长函数为指数函数时，历时被连数则是单调增加的；阶跃函数是指数函数与三角函数的复合函数，所以其历时被连数是阶跃式上升的。

本章第二节重点关注知识演化的过程，将增长和老化视为一个整体进行考察，发现了知识的历时老化与此知识所属领域的发展趋势有关，与知识产生所处的阶段有关：

1）在所属领域的快速发展期产生的知识节点，其历时被引证的次数先是随时间单调增加，达到峰值之后，此知识领域进入萎缩期，则其被引证的次数便开始逐年下降。

2）在知识领域萎缩期产生的节点，其被引证次数一直是随时间单调减少的。

不无巧合的是，上述结论与斯宾格勒在《西方的没落》一书①中指出的文明发展观有一定的相似性：在历史的发展过程中，趋势起着重要的作用，趋势的大潮推动着其中的个体向前发展；在文明的上升期，即使平庸的个体也被推动着取得很大的发展，而在文明的下降期，再高贵的头脑，也难以摆脱因文明衰退而庸碌无为的命运。

知识节点的出度也是动态增长的，以往的知识演化过程分析多注重知识集中、分散的原理，忽视了这个方面，本章第三节我们探

---

① 斯宾格勒．西方的没落［M］．上海：三联书店，2006.

讨了这个问题。分析得到：知识节点出度的增长会使得度分布更加均匀，且出度增长速度越快，度分布越平坦。当出度为线性增长时，且度优先连接的作用程度较强时，知识节点的历时被连接数是单调上升的，且不表现为老化的现象；而作用较弱时，知识节点的历时被连接数是单调下降的。当知识节点出度为对数增长时，其历时被连接数均是单调下降的。由此推断，出度的增长模式是对数增长较为合理的，即期刊文章平均参考文献的逐年增长满足对数函数。

第5章　知识网络中热点与趋势的涌现

5.1　引言

哪些领域与主题是知识发展的热点和趋势？长久以来，这个问题一直困扰着人们。热点和趋势反映的是一种集体行为，单个个体的独立行动难以形成热点和趋势，它是群体行动的结果，是群体行动由分散到一致的过程。大量关联个体处于一个共同的系统之内，相互影响、相互作用，当他们同时开始关注、阅读、引证、写作同类的主题、内容时，便形成研究热点和趋势。不过，知识创造活动内在的创新需求、不同观点和求异思维使得知识创造过程要达到完全一致的状态也是不可能的，然而在内容、主题上的密切相关却是普遍存在的。大量的知识创造者在某一时段，不约而同地进行某一主题、内容的知识创造，从而形成一定程度的弱一致状态。

知识网络将知识和信息构建为一个在时间上和空间上无限延展的关联系统，动态网络和耦合系统方面的理论为动态知识网络中群体行为的研究提供了良好的基础。Boid 模型和 Vicsek 模型是研究动态网络的两个基本模型，Reynolds① 发现在动物群体（鸟群、鱼群）的行动过程中，个体既期望向邻近个体的中心靠拢，又尽量避免与邻近个体发生碰撞的现象，从而构建了反映这种协调与平衡过

① Reynolds C. Flocks, Herds, and Schools: A Distributed Behavioral Model[J]. *Computer Graphics*, 1987, 21: 25-34.

程的 Boid 模型。Vicsek 等①从统计力学的角度对这一现象进行了更深入的研究，对 Vicsek 模型的计算机仿真发现：当个体密度较大且系统噪声较小时，整个系统会出现行为上的一致，即所有个体的行动方向和节奏趋于一致。这种现象在人类社会中也有大量的例子，比如音乐剧之后人群鼓掌从杂乱到一致，行走时步伐从凌乱到一致，人群集会喊口号从分散到一致，等等。这些现象的核心是系统的耦合问题，Winfree② 对于耦合振子(Coupled Oscillators)相位(Phase)变化的研究是探索耦合问题的最早的研究，Kuramoto③ 引入相位方程来表示具有有限个恒等振子的耦合系统，并且探讨了其中的相位同步问题。此后，基于规则拓扑结构的简单网络的耦合和同步研究纷纷开展，最主要的领域是耦合映象格子(Coupled Map Lattices) ④和细胞神经网络(Cellular Neural Network) ⑤。20 世纪 90 年代末以来，人们对描述对象关联关系的复杂网络进行了广泛的分析⑥⑦，把耦合网络及其同步控制问题与现实世界中各种特殊

---

① Vicsek T., Czirok A., Jacob E. B., Cohen I., Schochet O. Novel Type of Phase Transition in System of Self-driven Particles[J]. *Phys. Rev. Lett.*, 1995, 75: 1226-1229.

② Winfree A. T. Biological Rhythms and the Behavior of Populations of Coupled Oscillators[J]. *J. Theo. Biol.*, 1967, 16: 15-42.

③ Kuramoto Y. *Chemical Oscillations, Waves and Turbulence*[M]. Springer-Verlag, 1984.

④ Kaneko K. *Coupled Map Lattices*[M]. Singopore: World Scintific, 1992.

⑤ Chua L. O. CNN: *A Paradigm for Complexity*[M]. Singapore: World Scientific, 1992.

⑥ Newman M. E. The Structure and Function of Complex Networks[J]. *Siam Review*, 2003, 45(2): 167-256.

⑦ Boccaletti S., Latora V., Moreno Y., Chavez M., Hwang D. U. Complex Networks: Structure and Dynamics[J]. *Physics Reports*, 2006, 424: 175-308.

类型结构的复杂关系网络更切实的联系起来①,②,③，这一切均为基于动态知识网络的群体行为和群体动力学方面的研究奠定了良好的基础。

知识网络中存在大量的知识类群，这些知识类群的发展既受到本身内部的驱动力的作用，同时也受到外部关联知识类群的影响。本书尝试以引文聚类构造基于知识类群的动态网络，通过对知识类群时间切片的分析探讨知识类群在相互影响、相互作用的条件下研究热点与趋势的涌现过程及结果。

5.2 研究背景

与研究热点和趋势相关联的研究主要包含两种，其一是关于研究前沿(Research front)的研究，另一个是对于新兴趋势(Emerging trend)的探讨。所谓研究前沿指的是被科学工作者大量引用的新近文献的集合④，这一文献集合可以用以表征最新的前沿课题，并且通过提取这些文献的关键主题词做时序分析时可以用于探测研究趋势⑤。Kontostathis 等⑥提出的新兴趋势指的是随着时间的推移而越来越受到科研工作者重视的主题领域。上述两者在意义上大体是一致的，而在分析方法上有一些差异，前者多是基于引文的分析

---

① Ravoori B. , et al. Robustness of Optimal Synchronization in Real Networks [J]. *Physical Review Letters*, 2011, 107: 034102.

② Stout H. , et al. Local Synchronization in Complex Networks of Coupled Oscillators[J]. *Chaos*, 2011, 21: 025109.

③ La Rocca C. E. et al. Synchronization in Scale Free Networks with Degree Correlation[J]. *Physica A*, 2011, 390: 2840-2844.

④ Price D. D. Networks of Scientific Papers[J]. *Science*, 1965, 149: 510-515.

⑤ Small, H. G. , Griffith, B. C. The Structure of Scientific Literatures: Identifying and Graphing Specialties[J]. *Science Studies*, 1974, 4: 17-40.

⑥ Kontostathis A. , Galitsky L. , Pottenger W. M. , Roy S. , Phelps D. J. A Survey of Emerging Trend Detection in Textual Data Mining[A]//Berry M. , ed. *A Comprehensive Survey of Text Mining*, Heidelberg, Germany: Springer-Verlag, 2003, 185-224.

(citation analysis)，主要包括对引证、共引、耦合等网络的统计和拓扑结构分析①②③；后者是基于文本的挖掘(text mining)，通过对主题词(keywords)、标题(title)、摘要(abstract)等进行文本挖掘发现新兴的研究主题④⑤。

本书主要用引文网络分析来研究热点与趋势的涌现，分别从基于引文网络分析发现研究前沿和基于文本挖掘探测新兴趋势两个方面综述当前的研究进展，在相互比较的基础上提出本书的基于群体动力学的研究趋势预测方法。

5.2.1　基于引文分析发现研究前沿

Price⑥ 在其发表于 *Science* 的著名文章中提出 Research Front 概念，他通过统计分析发现人们在撰写文章时除了引证经典文献之外，也非常喜欢引用新近发表的文献，他将这些被大量引用的新近文献的集合称为研究前沿，而将高被引的经典文献的集合称为研究基础。Persson⑦ 分析了研究基础和研究前沿之间的关系及区别，

① Small H. Tracking and Predicting Growth Areas in Science [J]. *Scientometrics*, 2006, 68(3): 595-610.

② Morris S. A., Yen G., Wu Z., Asnake B. Timeline Visualization of Research Fronts [J]. *Journal of the American Society for Information Science and Technology*, 2003, 55(5): 413-422.

③ Shibata N., Kajikawa Y., Matsushima K. Topological Analysis of Citation Networks to Discover the Future Core Articles [J]. *Journal of the American Society for Information Science and Technology*, 2007, 58(6), 872-882.

④ Pottenger W. M., Yang T. H. Detecting Emerging Concepts in Textual Data Mining [J]. *Computational Information Retrieval*, 2001: 89-105.

⑤ Swan R., Allan J. Extracting Significant Time Varying Features from Text [C]. Proceedings of 8th Conference on Information Knowledge Management (CIKM '99), Kansas City, MO, ACM Press, 1999: 38-45.

⑥ Price D. D. Networks of Scientific Papers [J]. *Science*, 1965, 149: 510-515.

⑦ Persson O. The Intellectual Base and Research Fronts of JASIS 1986-1990 [J]. *Journal of the American Society for Information Science and Technology*, 1994, 45(1): 31-38.

他基于耦合网络对研究前沿下了一个定义，就是引证共同知识基础的文献集合，被引文献组成了知识基础，而引文形成了研究前沿；他指出知识基础在相当长的一段时间内是稳定的，研究前沿和知识基础之间存在紧密的对应关系。

仔细分析我们发现 Price 和 Persson 所定义的研究前沿是有细微差别的，Price 的研究前沿是新近高被引文献集合，而 Persson 的研究前沿是引证知识基础的新近文献集合，并不要求是高被引的。相比而言，Price 的研究前沿在时间上有一些滞后，但是却比较精炼；而 Persson 的研究前沿在时间上更贴近当前的，然而却可能是多而散的，不过可以通过提取高被引文献来进行精炼。可见，研究前沿和知识基础的差异主要体现在引用关系和时间先后关系上。Morris 等①在分析研究前沿中引入时间线(time-line)概念，指出知识基础是固定的、与时间无关的一组文献群，而研究前沿是持续引证知识基础的一组文献群。Aström② 通过 Time-Sliced Cocitation 分析了 1990 年至 2004 年 Library and information science 领域研究前沿的变化情况。

Research Front 需针对某一具体领域来分析，笼统地讨论这个问题是宽泛、混杂和费神的。所以，我们需要先对知识领域进行划分，然后再分析各个领域的研究前沿。Small 和 Griffith③ 通过对新近文献的共被引网络进行聚类来确定当前活跃的研究领域，并且提取引用这个聚类群文献的标题的主题词集，形成 N-word cluster-profile 来表示主题前沿。Braam 等④通过分析类群之间的相似性来

---

① Morris S. A., Yen, G., Wu, Z., Asnake, B. Timeline Visualization of Research Fronts [J]. *Journal of the American Society for Information Science and Technology*, 2003, 55(5): 413-422.

② Aström F. Changes in the LIS Research Front: Time-Sliced Cocitation Analyses of LIS Journal Articles, 1990-2004[J]. *Journal of the American Society for Information Science and Technology*, 2007, 58(7): 947-957.

③ Small H. G., Griffith B. C. The Structure of Scientific Literatures I: Identifying and Graphing Specialties[J]. *Science Studies*, 1974, 4: 17-40.

④ Braam R. R., Moed H. F., Raan A. F. J. Mapping of Science by Combined Co-citation and Word Analysis II: Dynamical aspects [J]. *Journal of the American Society for Information Science*, 1991, 42(4): 252-266.

探讨一个领域发展的连续性和稳定性，他也是基于对聚类词集的比较，辨别同一领域在不同发展阶段的一系列相似共引聚类群。不同于前者，Morris 等①，Jarneving 等②则都是通过文献耦合进行聚类来分析研究前沿的。Boyack 和 Klavans③，Aris 等④在理论、方法和可视化方面进行了较详细分析和综述。

最近，一些学者开始比较基于不同引文网络得到的研究前沿或新兴趋势的差异性。Shibata 等⑤通过对 Gallium nitride 领域 2004 年、Complex network 领域 2000 年和 Carbon nanotube 领域 2004 年的题录共约 40 000 条数据的统计分析，指出通过直接引证网络分析，可以快速发现大规模、新兴潜隐类群，具有最好的探测效果，耦合网络次之，共引网络的表现最差；并且，他们还发现，相比其他两种引文网络，直接引证网络中的聚类系数是最大的，从而内容相似文献之间的连接也是最紧密的，关键文献(core paper)被排除在新兴研究领域(emerging research domain)之外的风险是最小的。对于

① Morris S. A., Yen G., Wu Z., Asnake, B. Timeline Visualization of Research Fronts [J]. *Journal of the American Society for Information Science and Technology*, 2003, 55(5): 413-422.

② Jarneving B. Bibliographic Coupling and its Application to Research-front and Other Core Documents [J]. *Journal of Informetrics*, 2007, 1: 287-307.

③ Boyack K. W., Klavans R. Co-Citation Analysis, Bibliographic Coupling, and Direct Citation: Which Citation Approach Represents the Research Front Most Accurately? [J]. *Journal of the American Society for Information Science and Technology*, 2010, 61(12): 2389-2404.

④ Aris A., Shneiderman B., Qazvinian V., Radev D. Visual Overviews for Discovering Key Papers and Influences Across Research Fronts [J]. *Journal of the American Society for Information Science and Technology*, 2009, 60(11): 2219-2228.

⑤ Shibata N., Kajikawa Y., Takeda Y., Matsushima K. Comparative Study on Methods of Detecting Research Fronts Using Different Types of Citation [J]. *Journal of the American Society for Information Science and Technology*, 2009, 60(3): 571-580.

此方面研究，Boyack 和 Klavans① 提出了不同的看法，他们认为直接引证网络过于稀疏，需要大规模、长时间段数据作支撑，他们采用 Biomedical 上 2004 年至 2008 年的 2 153 769 条题录数据的统计分析发现，在准确度方面耦合网络略优于共引网络，直接引证网络的准确度最差。

此外，目前基于引文网络聚类的研究热点与新兴趋势的分析多只针对单个聚类进行，较少涉及学科聚类间相互联系的研究。Griffith 等②的研究发现文献聚类间共引链接的强度要弱于聚类内的共引链接强度。然而基于社会网络的研究发现，在很多情况下，弱连接(weak tie)所起到的作用往往更大。基于此，Freeman③ 认为可以通过网络节点的中间中心性测度来使表示范式转移的关键点凸显出来。

5.2.2 基于文本挖掘探测新兴趋势

信息检索和数据分析专家也尝试通过文本挖掘来发现新兴主题。Allan 等④引入一种识别新闻事件(new stories)的单次扫描算法(single pass algorithm)，如果现有文件中没有出现过与新收到信息类似的信息内容，那么这个新收到的内容就被定义为一条新闻。Swan 等⑤建立了一个基于二项式分布的统计模型，可以用于检测

---

① Boyack K. W. , Klavans R. Co-Citation Analysis, Bibliographic Coupling, and Direct Citation: Which Citation Approach Represents the Research Front Most Accurately? [J]. *Journal of the American Society for Information Science and Technology*, 2010, 61(12): 2389-2404.

② Griffith B. C. , Small H. , Stonehill J. A. , Dey S. The Structure of Scientific Literatures II: Towards a Macro-and-Microstructure for Science [J]. *Science Studies*, 1974, 4: 339-365.

③ Freeman L. C. Centrality in Social Networks: Conceptual Clarification [J]. *Social Networks*, 1979, 1: 215-362.

④ Allan J. , Papka R. , Lavrenko V. Online New Event Detection and Tracking [C]. Proceedings of ACM SIGIR, 1998: 37-45.

⑤ Swan R. , Allan J. Extracting Significant Time Varying Features from Text [A]. Proceedings of 8th Conference on Information Knowledge Management (CIKM '99), Kansas City, MO, ACM Press, 1999: 38-45.

信息的显著性。Kleinberg① 设计出的跳跃检测算法(Burst Detection Algorithm)可以检测单词的突然出现，也适用于基于时间序列的引文分析，从而辨认出新兴研究前沿的概念和主题。

文本挖掘技术探测新兴主题的一个难点在于主题的提取和识别。人类语言的交叉多义性和人们对主题词使用的随意性，不同的领域使用相同的主题词，一词多义、多词一义的情况比比皆是，这为主题的提取和识别带了很大的挑战。为了提高语义消歧和主题聚敛效率与精确度，Pottenger 等②引入神经网络算法识别凸显主题，Kontostathis 等③利用潜在语义索引(LSI)技术进行了概念聚类，Van Eck 等④使用概率潜在语义分析(PLSA)技术进行语义消歧，Fabian 等⑤提出一种通过预测新增补到 MeSH 本体的主题词来预测任意信息向真实知识转化的思路，然而上述这些方法的运算复杂度均很高，对于大规模数据处理存在明显困难。

文本挖掘多是通过主题词的共现关系来进行聚类和社区识别的，人们提出了分析大规模数据的社区识别方法。Clauset 等⑥提出的社区快速发现算法允许在接近多项式运算复杂度内对大规模网

---

① Kleinberg J. Bursty and Hierarchical Structure in Streams [A]. Proceedings of Proceedings of the 8th ACM SIGKDD International Conference on Knowledge Discovery and Data Mining, Edmonton, Alberta, Canada: ACM Press, 2002: 91-101.

② Pottenger W. M., Yang T. H. Detecting Emerging Concepts in Textual Data Mining [J]. *Computational Information Retrieval*, 2001, 89-105.

③ Kontostathis A., Pottenger W. M. A Framework for Understanding Latent Semantic Indexing (LSI) Performance [J]. *Information Processing & Management*, 2006, 42(1): 56-73.

④ Van Eck N. J., Waltman L., Noyons C. M., Buter R. K. Automatic Term Identification for Bibliometric Mapping [J]. *Scientometrics*, 2010, 82(3): 581-596.

⑤ Fabian M., Dmitriy F., Mathaeus D., Bernd W. Emerging Trend Prediction in Biomedical Literature [A]. Proceedings of American Medical Informatics Association Annual Symposium, 2008: 485-489.

⑥ Clauset A., Newman M. E., Moore C. Finding Community Structure in Very Large Networks[J]. *Phys. Rev. E*, 2004, 70: 066111.

络进行聚类分析。然而，由于主题提取中语义消歧和主题聚集方面本身存在的困难，所以后续基于这些主题词进行的聚类常常也是难以让人信服的。

5.2.3 简要评述

上述两种思路发展出了一系列富有创建、易于操作的分析办法①②③和可视化技术④，被科技工作者广泛的使用。不过它们也存在一些挑战，概括起来有以下几点：

(1)不太重视关联领域的影响。多数的新兴趋势分析方法都是基于单个领域的独立分析，忽略了关联领域的影响。在实际知识发展过程中，领域之间的相互影响是很大的，特别是在当前人们非常重视知识间的交叉和融合的环境中。

(2)引文分析存在时滞效应。一篇文章被引用多次、脱颖而出需要多年，对于较小、发展较慢的学科领域，被多次引证需要的时间就更长，通过引文分析来发现新兴趋势存在较大困难。

(3)主题词分析的办法在一定程度克服了时滞的影响。通过对最近文献主题词的文本挖掘可以发现新兴主题，不过这种方法也存在一些困难，由于词的交叉多义性和人们对词使用的随意性，不同的领域使用相同的主题词，同一事物使用不同的主题词表示，一词多义、多词一义的情况比比皆是，对于一个新兴学科领域尤为如

---

① Upham S. P., Small S. Emerging Research Fronts in Science and Technology: Patterns of New Knowledge Development[J]. *Scientometrics*, 2010, 83: 15-38.

② Rousseau R., Zhang L. Betweenness Centrality and Q-measures in Directed Valued Networks[J]. *Scientometrics*, 2008, 75(3): 575-590.

③ Shibata N., Kajikawa Y., Takeda Y., Matsushima K. Comparative Study on Methods of Detecting Research Fronts Using Different Types of Citation[J]. *Journal of the American Society for Information Science and Technology*, 2009, 60(3): 571-580.

④ Chen C. M. CiteSpace II: Detecting and Visualizing Emerging Trends and Transient Patterns in Scientific Literature[J]. *Journal of the American Society for Information Science and Technology*, 2006, 57 (3): 359 - 377.

此，这也对主题提取和主题识别造成了较大障碍，不太适宜于构建知识类群。

(4)通过对知识当前发展状态的数量统计来预测知识未来的发展前景。这种处理思路对于有一定出现规律的平稳事件的分析是合适的，对于偶然性事件或突发事件的揭示有所欠缺，而现实的知识发展过程中一个新主题的出现往往伴随有较大的不确定性和突发性，对于小知识领域尤为如此——它们特别易于受到关联领域的强烈影响。

本书尝试通过引文聚类构建动态知识类群网络，以避免出现词聚类中的主题提取和主题识别难题；通过主题词向量构建类群发展方向，以避免引文得到研究前沿所产生的时滞；通过群体动力学方法分析知识类群在相互影响、相互作用条件下热点与趋势的涌现过程与规律，以区别于以往对单个知识类群的独立分析；基于群体动力学方法，在动态知识网络中预测知识类群的发展趋势。此外，对于采用不同引文网络发现研究前沿问题的效能，Shibata 等①的实证研究认为直接引证网络为最佳，Boyack 等②的实证研究认为文献耦合网络为最佳，本书针对这两种网络分别进行了实验，以考察群体动力学方法更适合用于何种类型引文网络的分析。

5.3 研究设计

研究知识演化的关键在于确定谁在演化？哪个对象是动态变化的？以及这些动态变化的对象是怎样变化的？

---

① Shibata N., Kajikawa Y., Takeda Y., Matsushima K. Comparative Study on Methods of Detecting Research Fronts Using Different Types of Citation [J]. *Journal of the American Society for Information Science and Technology*, 2009, 60(3), 571-580.

② Boyack K. W., Klavans R. Co-Citation Analysis, Bibliographic Coupling, and Direct Citation: Which Citation Approach Represents the Research Front Most Accurately? [J]. *Journal of the American Society for Information Science and Technology*, 2010, 61(12): 2389-2404.

(1)知识类群是演化的主体

这里的知识类群指的是相比于类群之外节点而言，关系更加密切的知识节点的集合；在一定意义上，不妨将一个知识类群视为一个领域，更大也可以是一个学科，具体视知识类群考察的粒度而定。单个知识节点(例如一篇文献)是静态的，从其一诞生，其所包含的知识要素便已确定。然而由知识节点所构成的知识类群却是动态增长、可演化的，每一时间窗口中的知识节点的全体，既表示此知识类群在那一时间段上的结构与状态。

(2)知识类群的获得

研究的粒度从单个知识节点过渡到知识节点类群，需要对知识结构进行粗粒化处理。先将所有节点进行聚类，属于相同知识类群的节点分配到相同的盒子(block)中，再把这些盒子用单个节点来表示(这些节点称为类群节点，两个不同类群节点之间的连接数即为这两个类群节点所包含的内部节点之间的连接边的数量)，从而形成一个新的网络，这个网络是加权网络。如图 5-1 所示，通过聚类形成 3 个知识类群(左图)，即 3 个类群节点(中图)，类群节点之间的连接边权重分别为 1、2、3，右图类群节点上的小箭头表示每个类群节点都是有方向的，方向取决于各自的状态属性，这些属性由那一时刻类群所包含的内部节点来定义。

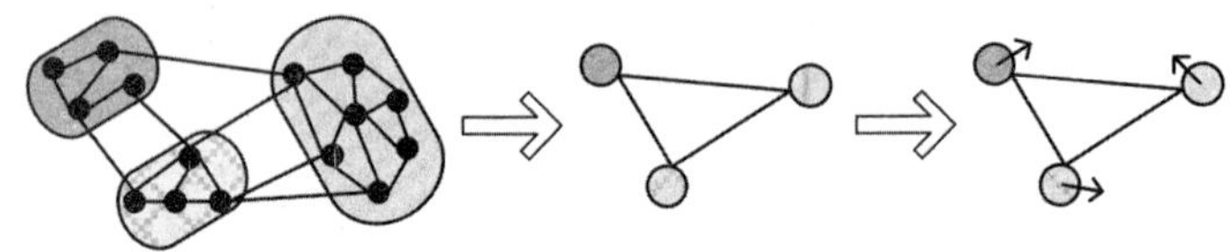

图 5-1　知识类群网络的构建

Shibata 等①通过比较直接引证网络、共引网络、文献耦合网

① Shibata N., Kajikawa Y., Takeda Y., Matsushima K. Comparative Study on Methods of Detecting Research Fronts Using Different Types of Citation[J]. *Journal of the American Society for Information Science and Technology*, 2009, 60(3): 571-580.

络的聚类效果，认为直接引证网络用来探测新兴发展趋势效果最好，耦合网络次之，而共引网络由于存在时滞效应效果最差；Boyack 和 Klavans① 针对更大规模的数据的比较研究指出，文献耦合网络的聚类准确度最好，用来分析新兴研究趋势的效果最好，共引网络次之，而直接引证网络最差。三种网络之间的关系问题，也可参考第 3 章第 1 节的比较分析。在本书的实验中，我们分别对直接引证网络和文献耦合网络进行统计分析，而共引网络由于存在较大时滞效应，我们认为并不适合用来探测新兴研究趋势。

(3)知识类群的方向

知识类群在某一时刻的发展方向，可以采用类群节点此一时刻的主题词向量来表示。例如在科技文献的引证网络中，知识类群 A 在 2011 年 5 月的方向状态可用 A 所包含的文献的所有主题词之和来表示。这样的处理方式既具有引证网络知识发展脉络的清晰结构、克服了引文网络的时间滞后性，又获得了主题词探测的新兴趋势的凸显能力。本书中的趋势分析重点关注知识类群的主题词向量的历时变化，得到的是类群的发展方向，不分析具体某一个新兴主题趋势，这一点有别于其他的分析新兴趋势的方法。

(4)知识类群的演化

知识类群的演化发展不仅与其自身知识基础有关，也受其相关联知识类群的影响。知识发展是基于一定知识基础的，知识类群前一阶段的状态既是后一阶段的基础。类群之间的相互交叉引用，体现了关联影响关系的普遍存在；同时，关联性的强弱决定了知识类群之间的相互影响强度。

针对上述思路，确定后续的研究方法和研究步骤，对研究思路中所涉及的细节问题从方法上展开进一步说明：①建立数学模型，基于两点假设条件构造知识网络中趋势涌现的群体动力学模型。②

① Boyack K. W. , Klavans R. Co-Citation Analysis, Bibliographic Coupling, and Direct Citation: Which Citation Approach Represents the Research Front Most Accurately? [J]. *Journal of the American Society for Information Science and Technology*, 2010, 61(12): 2389-2404.

模型分析，探讨创新趋势的形成过程，这是一种典型的群体行为过程。③数据采集与实证分析。实证针对引证网络进行，以引文网络聚类构建知识类群，以类群中知识节点的主题词向量作为知识发展状态，考虑类群主题状态的变化规则。

5.4 群体动力模型

5.4.1 假设条件

对知识类群下一阶段发展趋势起主要影响作用的包括：此知识类群当前的发展状态，紧密关联类群当前的发展状态。在本模型中，做出以下两点假设：

(1)在没有外部影响的条件下，知识类群 i 下一时间窗口 $t+1$ 的主题词向量 $v_i(t+1)$ 保持当前时间窗口 t 的主题词向量 $v_i(t)$ 不变；

(2)知识类群 i 下一时间窗口 $t+1$ 的主题词向量 $v_i(t+1)$ 受它的紧密相关联类群 j 和当前时间窗口 t 主题词向量 $v_j(t)$ 的影响，影响程度与两个类群的连接强度 $w_{i(t)\to j(t-1)}$ 以及类群主题词向量的差异度 $v_j(t)-v_i(t)$ 的乘积成正比。

假设条件1认为知识类群下一时间窗口的发展趋势是立足于当前时间窗口的发展状态的，受当前阶段发展状态的影响，在没有外部类群影响的条件下，知识类群保持上一时间窗口的发展态势，即保持惯性，Price①、Persson②等提出的研究前沿概念也是基于这一思想。对于假设条件2，知识类群的发展方向还受到外部相关联类群的影响，与相关联类群的发展状态及类群之间的差异度的乘积成

---

① Price D. D. Networks of Scientific Papers[J]. *Science*, 1965, 149: 510-515.

② Persson O. The Intellectual Base and Research Fronts of JASIS 1986-1990[J]. *Journal of the American Society for Information Science and Technology*, 1994, 45(1): 31-38.

正比，在后文中 $w_{i(t)\to j(t-1)}$ 直接写成 $w_{i(t)j(t-1)}$，之所以使用当前阶段 t 到上一阶段 $t-1$ 的连接强度 $w_{i(t)j(t-1)}$，而不是 $w_{i(t)j(t)}$，这是考虑到引证时滞的存在，类群 i 与类群 j 在同一时段相互引证(连接)较少；此外，这里没有考虑知识网络以外的条件的影响，将知识网络作为一个自解释、自组织的结构系统进行考察。

5.4.2　动力学模型

类群节点 i 在 t 时刻的方向状态向量记为 $v_i(t)$，则类群节点 i 在 $t+1$ 时间步的方向状态为：

$$v_i(t+1)=f[v_i(t)]+\sigma\sum_j w_{i(t)j(t-1)}\cdot H[v_j(t)-v_i(t)]$$

$$(i=1,\ 2,\ \cdots,\ n) \tag{5-1}$$

其中，n 表示总的类群数量，式(5-1)表示的是动态网络的状态转移方程组。① 等式右边的第一部分函数 f 对应假设条件 1，表示类群 $t+1$ 时刻的状态对自身 t 时刻状态的依赖关系，由于人们常常使用知识的当前状态表示未来发展的趋势，我们不妨直接取简单线性函数 $f(v)=v$。② 等式右边的第二部分则对应假设条件 2，表示类群 $t+1$ 时刻的状态对关联类群 t 时刻状态的依赖关系；$W=\{w_{i(t)j(t-1)}\}\in R_{n\times n}$ 是加权网络的邻接矩阵，$w_{i(t)j(t-1)}$ 表示类群节点 i 在 t 时刻与类群节点 j 在 $t-1$ 时刻的连接强度，我们取 $w_{i(t)k(t-1)}=l_{i(t)k(t-1)}/\sum_k l_{i(t)k(t-1)}$，$l_{i(t)k(t-1)}$ 为类群 i 在 t 时刻所包含的内部节点与类群节点 j 在 $t-1$ 时刻的内部节点的连接数之和；函数 H 为类群节点的状态差异度函数，与 f 函数保持一致，取为简单线性函数 $H(v)=v$；常数 $\sigma>0$ 表示为动态网络的耦合强度，它的取值用于区别知识类群的发展受本身影响多一点，还是受关联类群的影响多一点，取值没有参照，我们不妨取 $\sigma=1$，此时(5-1)式也可转化为：

$$\begin{aligned}v_i(t+1)&=v_i(t)+\sum_j w_{i(t)j(t-1)}\cdot[v_j(t)-v_i(t)]\\&=v_i(t)-\sum_{j\neq i}w_{i(t)j(t-1)}\cdot v_i(t)+\sum_{j\neq i}w_{i(t)j(t-1)}\cdot v_j(t)\\&=\sum_j w_{i(t)j(t-1)}\cdot v_j(t)\end{aligned} \tag{5-2}$$

式(5-2)的含义即知识类群的发展方向受其自身及关联类群的

影响,影响程度与类群之间的连接强度成正比,这样的结果是满足人们一般认识的;在很多情况下,人们通常采用动力方程来表示(5-1)式:

$$\dot{v}_i = f(v_i) + \sigma \sum_j w_{ij} H(v_j - v_i) \quad (i = 1,2,\cdots,n) \tag{5-3}$$

5.4.3 模型的定性解释

图 5-2 是知识类群网络的时间切片图,包含三个时段:$t-1$,t,$t+1$,类群 A 在三个时段分别记为 A、A′、A″,类群 B、C 采用相同的表示方法,类群上的小箭头表示类群在那一时段的主题词向量。

当前处于 t 阶段,则 $t+1$ 为后一阶段,而 $t-1$ 为前一阶段,除了 $t+1$ 阶段的主题词向量未知之外,其他两个时段的主题词向量都是已知的。由于引证过程存在时滞效应,同一时间段的类群之间连接一般较少,当然如果时间切片所取的周期较长,同一时段内的连接数也可以很多,本书中取的是 1 年时间,所以每一时间阶段知识类群之间的连接数较少,然而相邻两个时段之间的连接数还是较多的,如图 5-2 中 t 时段类群与 $t-1$ 时段之间的连接线。

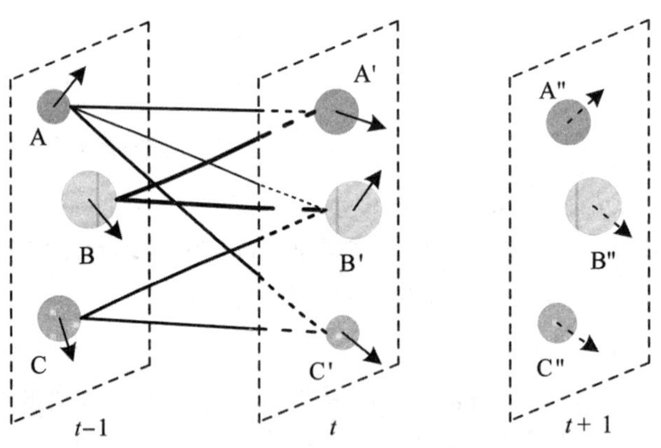

图 5-2 知识类群的时间切片

如何利用已知的信息来预测知识类群下一阶段的主题词向量呢?例如,如何得到类群 B 在 $t+1$ 时段的主题词向量,由假设条件 1

知道,B″受到 B′的影响,且受到 B′的关联类群 A′、C′的影响,我们取 B′B、B′A、B′C 三条连线的连接强度来分别表示 B′、A′、C′对 B″主题词向量的影响程度,这即是方程式(5-2)的定性解释。若需要解释式(5-1)和式(5-3),连接强度同上段的解释不变,知识类群下一阶段的发展方向只需要复制当前阶段的主题词向量,以及通过相关联知识类群与本类群发展方向的差异性修正本类群的主题词向量即可。

5.4.4 模型分析

目前复杂系统与耦合网络领域关注更多的是方程组的极限行为(稳定点)的分析,一般的做法是通过构造方程组的变分方程,得到耦合方程组的系数矩阵,从矩阵特征值的取值判断一致行动的形成条件,采用 Lyapunov 条件判断动力方程组的稳定性①②。大量的模拟仿真表明小世界网络、无标度网络、时滞耦合网络等在一定条件下均可以达到完全同步状态③④⑤。我们不妨从式(5-3)进行分析,当知识网络达到完全一致的状态时,即所有节点的状态向量都趋于一致 $v_1 \to v_2 \to \cdots \to v_n \to v_s$,此时(5-3)式右边第二项 $\sum_j w_{ij}H(v_j - v_i) = 0$,得到式(5-2),满足 $\dot{v}_s = f(v_s)$,整个方程组的同步状态解也就是单个类群的解 v_s。

现实知识网络中难以达到上述的完全一致状态,完全同步只是数学抽象模型的理想状态。知识创造的内在创新需求、不同观点和

---

① Li X., Chen G. Synchronization and Desynchronization of Complex Dynamical Networks: An Engineering Viewpoint [J]. IEEE *Trans. Circuits and Systems-I*,2003,50(11):1381-1390.

② Ravoori B., et al. Robustness of Optimal Synchronization in Real Networks [J]. *Physical Review Letters*,2011,107:034102.

③ Gomez-Gardenes J., Moreno Y., Arenas A. Paths to Synchronization on Complex Networks[J]. *Phys Rev Lett*,2007,98:034101.

④ Belykh I. V., Lange E., Hasler M. Synchronization of Bursting Neurons: What Matters in the Network Topology[J]. *Phys. Rev. Lett.*,2005,94:188101.

⑤ Perez, Eguiluz, Arenas M. Phase Clustering in Complex Networks of Delay-coupled Oscillators[J]. *Chaos*,2011,21:025111.

求异思维使得知识创造过程的完全一致是不可能的,不过人们在研究内容、主题上的密切相关却是普遍存在的,大量的知识创造者在某一时段,不约而同地进行某一主题、内容的知识创造。从而,对于知识网络而言,式(5-3)第二项的协调项可能会有所缩小,变得很小甚至消失这种情况却难以达到。所以,不能用本书模型的极限状态预示长远的发展。

知识类群之间的耦合对知识网络的演化具有关键的影响,由于关联系数矩阵 W 采用的是类群节点之间的连接强度,连接强度在每一阶段都是不同的,所以体现为非线性关系。从而,W 矩阵是历时变化的,即知识类群之间耦合关系是随时间变化的,形成连续时间时变耦合网络,本书后续的实验是基于历时变化的连续时变耦合网络进行的统计分析。

5.5 操作与实施

5.5.1 操作步骤

数据分析主要包含 5 步,以下逐步列出,这些步骤也即是采用本书所列方法进行热点和趋势预测的操作步骤:

步骤一:采集题录数据,构建知识网络。

步骤二:聚类。对知识网络进行聚类,以类群所包含的节点数量从多到少对类群进行排序,取前 n 个类群进行考察,记为:$C_0, C_1, C_2, \cdots, C_n$。

步骤三:类群分段。对每一个知识类群进行切分,将知识类群切分为 m 时间段,则有 $C_i = \{c_{i(0)}, c_{i(1)}, c_{i(2)}, \cdots, c_{i(m)}\}$,$(i = 0, 1, 2, \cdots, n)$,$c_{i(t)}$ 表示类群 C_i 在 t 时刻的状态。

步骤四:时变类群网络的构建。对知识网络进行粗视化处理,转化为具有 $n \times m$ 个类群节点的加权网络。其中:① 类群节点 $c_{i(t)}$ 到类群节点 $c_{k(t-1)}$ 的边的权重 $w_{i(t)k(t-1)} = l_{i(t)k(t-1)} \Big/ \sum_k l_{i(t)k(t-1)}$,$l_{i(t)k(t-1)}$ 为类群节点 $c_{i(t)}$ 中所包含的所有内部节点到 $c_{k(t-1)}$ 包含的所

有内部节点的连接数之和;②类群节点 $c_{i(t)}$ 的主题词向量 $v_{i(t)}$ 等于所有内部节点主题词向量的和。

步骤五:代入模型进行计算,由 $v_i(t+1)=f[v_i(t)]+\sigma\sum_j w_{ij}\cdot H[v_j(t)-v_i(t)]$,预测类群 C_i 在 $t+1$ 时刻的主题词向量为 $v_{i(t)}+\sum_k w_{i(t)k(t-1)}[v_{k(t-1)}-v_{i(t)}]$,为了区别于实际观察值 $v_{i(t+1)}$,这里把预测值记为 $u_{i(t+1)}$,即:

$$u_{i(t+1)}=v_{i(t)}+\sum_k w_{i(t)k(t-1)}[v_{k(t-1)}-v_{i(t)}] \tag{5-4}$$

其中步骤一中可以基于直接引证、文献耦合、同被引等关系构建知识网络,在本书中,分别基于文献耦合和直接引证关系构建了知识网络;步骤二中,我们采用 CNM 算法①进行聚类,这是一种基于贪婪思想的快速聚类算法,能够对较大规模网络进行快速聚类;对知识类群按照所包含节点数进行逆序排序,并取前 n 个群,保证所取知识类群的节点数较多,在每一时间段落皆有节点。

5.5.2　评价指标

效果评估需要有参照物,通过调查,我们取应用面较广、操作简便的一种方法进行比较分析,在本书中称为趋势预测的传统方法:取知识类群最近一时间窗口内的文献题录,然后以此文献集合的主题词(关键词)表示这个类群下一阶段的研究热点和趋势。结合前文概括起来,这一方法认为下一阶段的状态与当前时期的状态近似相等,满足惯性规律,有 $u_{i(t+1)}\approx v_{i(t)}$。Price②、Persson③ 等提出的前沿趋势概念也是基于这一思想。将群体动力学方法所获得的结果与传统方法所获得的结果进行比较,提出两组衡量指标。

准确度指标(Accuracy index),即预测值对实际值的准确度。

---

① Clauset A., Newman M. E. J., Moore C. Finding Community Structure in Very Large Networks[J]. *Phys. Rev. E*, 2004, 70:066111.

② Price D. D. Networks of Scientific Papers[J]. *Science*, 1965, 149:510-515.

③ Persson O. The Intellectual Base and Research Fronts of JASIS 1986-1990[J]. *Journal of the American Society for Information Science and Technology*, 1994, 45(1):31-38.

可以通过计算预测值与实际观测值的相关系数。其中，$(v_{i(t-1)},v_{i(t)})$ 表示两个主题词向量的内积，$q^a_{i(t)}$ 表示使用传统办法所获得的预测值与实际值的相关性系数，$q^b_{i(t)}$ 表示通过群体动力学方法所获得的预测值与实际值的相关性系数：

$$q^a_{i(t)}=\frac{(v_{i(t-1)},v_{i(t)})}{\sqrt{(v_{i(t-1)},v_{i(t-1)})(v_{i(t)},v_{i(t)})}},\ q^b_{i(t)}=\frac{(u_{i(t)},v_{i(t)})}{\sqrt{(u_{i(t)},u_{i(t)})(v_{i(t)},v_{i(t)})}}$$

覆盖度指标(Coverage index)，即准确度指标中的主题词向量 $v_{i(t)}$。各主题词的值等于出现频次，主题词是加权的。为了衡量预测的准确度和避免个别主题词权值过大而使得准确度很高，而覆盖面不够的问题。准确覆盖指标衡量预测结果主题词的覆盖程度，只考虑主题词在结果中是否出现，不考虑其加权比重。记 $e_{i(t)}$ 为 $v_{i(t)}$ 所对应的 0，1 向量，$s_{i(t)}$ 为 $u_{i(t)}$ 所对应的 0，1 向量，同样，$r^a_{i(t)}$ 表示使用传统办法所获得的预测值的覆盖率系数，$r^b_{i(t)}$ 表示通过群体动力学方法所获得的预测值的覆盖率系数，$length(e_{i(t)})$ 表示 $e_{i(t)}$ 中主题词的个数，在数值上也等于内积，即 $length(e_{i(t)})=(e_{i(t)},e_{i(t)})$：

$$r^a_{i(t)}=\frac{(e_{i(t-1)},e_{i(t)})}{length(e_{i(t)})},\ r^b_{i(t)}=\frac{(s_{i(t)},e_{i(t)})}{length(e_{i(t)})}$$

由上可见，准确度指标更注重预测的整体性能，包含对次序和覆盖面的要求；而覆盖度指标则注重预测的全面性，只关注是否出现，不关注出现频次。

统计指标。由于数据量很大，文章中对每一个预测数值都列出来是不可能、也没必要的，所以引入以下基于均值的统计指标：令 $Q^a_i=\frac{1}{m}\sum_t q^a_{i(t)}$，$Q^b_i=\frac{1}{m}\sum_t q^b_{i(t)}$，表示类群节点 i 对所有时段准确度系数的均值；令 $R^a_i=\frac{1}{m}\sum_t r^a_{i(t)}$，$R^b_i=\frac{1}{m}\sum_t r^b_{i(t)}$，表示类群节点 i 对所有时段覆盖度系数的均值；更进一步，令 $Q^a=\frac{1}{n}\sum_i Q^a_i$，$Q^b=\frac{1}{n}\sum_i Q^b_i$，表示对所有类群节点准确度系数的均值；令 $R^a=$

$\frac{1}{n}\sum_i R_i^a$，$R^b=\frac{1}{n}\sum_i R_i^b$，表示对所有类群节点覆盖度系数的均值。

5.6　基于直接引证网络的实验

5.6.1　数据准备

使用 3.2.4 节相同数据集构造知识网络。

5.6.2　数据处理与参数设计

构建引文网络，提取 1999 年 1 月至 2010 年 12 月所产生的节点的最大连通子图，共计节点数 17 340，边数 52 168，平均连接数 3.01。提取子网络进行实验的原因是 1998 年之前的文献节点只在参考文献中表现出来，只有节点入度而没有出度，所以 1999 年之前的子图是所有节点都孤立的完全分离图。而本模型的构造起始于连通图(connected graph)，所以只选取具有完整数据的子网络作为考察对象。根据分析步骤和数据资料，对部分参数进行设计和说明：

1)采用 CNM 算法①进行聚类。在第 16 916 步模块度系数达到最大值时，程序终止，得到类群 419 个，最大类群包含内部节点 2 910个，最小类群包含内部节点 2 个。

2)按类群所包含内部节点数量排序。取靠前的 $n=10$ 个类群，则最大类群包含 2 910 个内部节点，最小类群包含 260 个。之所以选择大类群，是为了使类群之间的连接数更多，这样可以更准确地观察类群之间的相互影响程度；过小的类群所含节点数和连接数过少，不确定性增加。我们从后文中可以看到，对类群 9 的预测结果是不太令人满意的。

---

① Clauset A., Newman M. E., Moore C. Finding Community Structure in Very Large Networks[J]. *Phys. Rev. E*, 2004, 70: 066111.

3）时间段切分也取 $t=10$ 段，则每段 14 个月左右。由于文章发表和引证存在时滞，时间段取得过短，会影响类群节点之间连接度的准确性；然而取得长些，数据量又不够。为了克服这个问题，在后续类群节点连接权值计算了前两期的均值，例如类群 i 在 t 时期的类群节点 $c_{i(t)}$ 到类群节点 $c_{k(t-1)}$ 的连接度 $w_{i(t)k(t-1)}=\dfrac{l_{i(t)k(t-1)}+l_{i(t)k(t-2)}}{\sum_k[l_{i(t)k(t-1)}+l_{i(t)k(t-2)}]}$，其中 $l_{i(t)k(t-1)}$ 是类群节点 $c_{i(t)}$ 到类群节点 $c_{k(t-1)}$ 的连接数。

对引文网络进行聚类分析。取节点数排前 10 的类群，再将各类群切分成 10 个时段。如表 5-1 所示，列出了各类群节点在各时段所包含的内部节点数。

表 5-1　　　　**类群所包含的节点数（DC）**

C_i	时段									均值
	$t=0$	1	2	3	4	5	6	7	8	9	
$i=0$	285	352	348	302	309	317	247	233	254	260	291
1	226	269	307	282	315	315	336	306	285	234	288
2	197	260	247	274	343	291	243	280	279	293	271
3	154	68	141	152	40	80	186	178	134	106	124
4	107	137	117	109	144	137	110	100	107	73	114
5	84	116	94	123	98	115	122	118	93	108	107
6	46	80	84	126	101	118	135	132	144	86	105
7	50	44	61	53	47	59	46	49	29	29	47
8	41	33	49	32	45	43	34	37	47	35	40
9	25	27	29	20	38	24	33	20	28	18	26

类群 0、1、2 处于核心位置，与其他各类群节点联系紧密，内部连接也很紧密。类群 9 本身所包含内部节点较少，所以与其他类群联系较少；后续也可看出，在统计值方面类群 9 有一些不一致，这是由于其节点数少的缘故，由表 5-1 也可见其平均节点数为 26，

远低于其他类群。

表 5-2 是类群之间的连接强度，即模型中的 W 值。左边第一列表示时刻，由于数据量较多，我们这里只抽取第 2、5、8 三个时段的连接强度矩阵列出来。最后一列 SUM 值表示各类群的总连接数，矩阵中的数值是归一化处理之后的连接数比例。类群当前阶段与其上一阶段的连接强度基本是稳定的，例如类群 0(此阶段)到类群 0(上阶段)的连接强度分别为 0.893、0.861、0.844，类群 1(此阶段)到类群 1(上阶段)的连接强度为 0.931、0.911、0.917；类群当前阶段与其他类群上一阶段的连接强度有一定的差异性，例如类群 0(此阶段)与类群 1(上阶段)的连接分别为 0.044、0.029、0.045，类群 1(此阶段)与类群 2(上阶段)的连接分别为 0.006、0.028、0.020。

表 5-2　　类群之间的连接强度(DC)

TIME	C	0	1	2	3	4	5	6	7	8	9	SUM
t=2	0	.893	.044	.019	.004	.012	.018		.004	.007		735
	1	.022	.931	.006	.001	.001	.013	.014	.006	.005		943
	2	.041	.012	.907		.017	.018		.003		.002	605
	3	.030	.020	.010	.935		.005					201
	4	.027	.011	.038		.924						184
	5	.057	.049	.041		.025	.828					122
	6		.032					.968				93
	7		.076		.030		.045	.015	.833			66
	8	.107	.048	.036	.012		.024			.774		84
	9										1.000	70
t=5	0	.861	.029	.048	.002	.011	.037		.002	.009		454
	1	.031	.911	.028	.001	.007	.005	.005	.011	.002		850
	2	.036	.016	.914	.004	.018	.009		.001	.001		674
	3		.043	.021	.936							47
	4		.016	.042		.921	.016		.005			190

续表

TIME	C	0	1	2	3	4	5	6	7	8	9	SUM
t=5	5	.047	.058	.064	.017		.814					172
	6		.025					.975				120
	7	.028	.141			.014			.817			71
	8	.029		.086				.029		.857		35
	9		.067								.933	30
t=8	0	.844	.045	.069	.010	.007	.014			.010		288
	1	.021	.917	.020	.016		.007	.008	.007	.005		614
	2	.012	.031	.924	.006	.004	.012			.012		512
	3	.028	.028	.028	.910		.006					178
	4	.011	.021	.064	.011	.862	.032					94
	5	.045	.064	.036			.855					110
	6		.032					.962		.006		156
	7	.074	.148				.037		.741			27
	8	.055	.127	.145	.018	.018		.018		.618		55
	9										1.000	12

5.6.3 实验结果

表5-3截取了第0、3、6、9号类群C_0、C_3、C_6和C_9的关键词向量的长度统计值。在后文中，类群编号的十位表示类群号，个位表示时段号，如03表示0号类群在3时刻的状态。L_{real}表示类群关键词向量的实际长度，L_{tran}表示通过传统办法预测的关键词向量的长度，而L_{coll}为通过本书群体动力学方法所得到的关键词向量的长度。

表 5-3 类群关键词向量的长度(DC)

C_0	L_{real}	L_{tran}	L_{coll}	C_3	L_{real}	L_{tran}	L_{coll}
02	2073	2007	5773	32	507	1014	5773
03	1898	2073	6344	33	1014	1100	6344
04	1951	1898	6692	34	1100	332	6692
05	2104	1951	6778	35	332	645	6778
06	1676	2104	7249	36	645	1389	7249
07	1650	1676	7178	37	1389	1239	7178
08	1778	1650	7064	38	1239	982	7064
09	1796	1778	6955	39	982	829	6955
C_6	L_{real}	L_{tran}	L_{coll}	C_9	L_{real}	L_{tran}	L_{coll}
62	578	600	5773	92	234	219	5773
63	600	906	6344	93	177	234	6344
64	906	770	6692	94	319	177	6692
65	770	936	6778	95	202	319	6778
66	936	1007	7249	96	281	202	7249
67	1007	992	7178	97	183	281	7178
68	992	1066	7064	98	246	183	7064
69	1066	695	6955	99	162	246	6955

可见，不管对于哪个类群，群体动力学方法所获得的关键词向量长度是最长的，涵盖了同时刻所有类群的所有关键词，远远长于传统办法所获得的关键词向量的长度。所以在覆盖性指标上，群体动力学方法无疑是最佳的，这样与传统方法的比较便显得有失公

允。不妨截取相同长度的关键词进行比较，表 5-4 截取两种预测方法所获得的关键词向量频次靠前的 100 个关键词进行考察。

表 5-4　　**预测的准确度和覆盖度(DC，KeywordsLenght=100)**

C_0	$q^a_{i(t)}$	$q^b_{i(t)}$	$r^a_{i(t)}$	$r^b_{i(t)}$	C_3	$q^a_{i(t)}$	$q^b_{i(t)}$	$r^a_{i(t)}$	$r^b_{i(t)}$
02	.871	.888	.560	.600	32	.648	.743	.270	.400
03	.883	.893	.590	.610	33	.633	.678	.350	.420
04	.867	.878	.580	.610	34	.511	.530	.250	.260
05	.856	.866	.610	.630	35	.503	.726	.260	.380
06	.831	.841	.560	.560	36	.661	.720	.360	.440
07	.787	.808	.560	.610	37	.746	.765	.500	.530
08	.773	.806	.540	.560	38	.703	.738	.450	.510
09	.794	.813	.460	.480	39	.700	.731	.440	.470
AVE	.833	.849	.558	.582		.638	.704	.360	.426
C_6	$q^a_{i(t)}$	$q^b_{i(t)}$	$r^a_{i(t)}$	$r^b_{i(t)}$	C_9	$q^a_{i(t)}$	$q^b_{i(t)}$	$r^a_{i(t)}$	$r^b_{i(t)}$
62	.637	.700	.270	.350	92	.232	.232	.100	.090
63	.661	.713	.390	.500	93	.257	.247	.110	.080
64	.632	.667	.370	.410	94	.337	.300	.160	.140
65	.693	.724	.420	.480	95	.349	.332	.140	.120
66	.735	.741	.400	.400	96	.286	.418	.130	.180
67	.647	.676	.400	.440	97	.242	.270	.130	.160
68	.574	.610	.310	.370	98	.240	.226	.120	.110
69	.648	.668	.350	.380	99	.250	.237	.110	.090
AVE	.653	.687	.364	.416		.274	.283	.125	.121

将所有类群准确度和覆盖度指标预测的均值都提取出来，即是表 5-4 中的 AVE 项，列出表 5-5。其中 Q^b_i/Q^a_i 表示对于类群 i 采用群体动力学方法和采用传统方法的准确度系数的比值，当 Q^b_i/Q^a_i 大

于 1 则表明群体动力学方法的预测效果普遍为好，小于 1 则表明传统方法的预测效果普遍为好，同理 R_i^b/R_i^a 是针对覆盖度指标的。

表 5-5　同等规模主题词长度的性能比较(DC，KeywordsLength=100)

	准确度指标			覆盖度指标		
	Q_i^a	Q_i^b	Q_i^b/Q_i^a	R_i^a	R_i^b	R_i^b/R_i^a
$i=0$	.833	.849	1.019	.558	.582	1.045
1	.846	.859	1.015	.559	.594	1.063
2	.808	.821	1.016	.551	.573	1.039
3	.638	.704	1.103	.360	.426	1.184
4	.665	.698	1.049	.369	.406	1.102
5	.598	.675	1.130	.330	.391	1.186
6	.653	.687	1.052	.364	.416	1.144
7	.348	.484	1.391	.165	.240	1.455
8	.310	.494	1.595	.125	.230	1.840
9	.274	.283	1.032	.125	.121	.970
AVE	.597	.655	1.140	.351	.398	1.203

由表 5-5 可见，群体动力学方法在准确度指标、覆盖度指标上较传统方法分别优 14% 和 2.3%；且对于较小知识类群优势更明显，如类群 7 和 8，优化效果分别达到了 39% 以上和 45% 以上；然而对于过小知识类群，其预测效果也不佳，例如类群 9，这可能是由于数据量不足所造成的，具体的原因我们还在进一步分析。

群体动力学方法对于同等规模高频词部分较传统方法为优，那么，在不同规模的主题词条件下，其预测效果又如何呢？是否仍较传统方法为优？不妨将传统方法预测的主题词向量 $v_{i(t-1)}$、实际主题词向量 $v_{i(t)}$、群体动力学方法预测的主题词向量 $u_{i(t)}$ 按照各自的主题词的词频进行排序，然后截取相同长度的高频部分进行比较，记 L_{MIN} 为上述三种主题词总长度中的最小者，然后分别取 L_{MIN} 的

20%、40%、60%、80%、100%进行比较分析，计算准确度指标和覆盖度指标的平均效能，如表 5-6 所示。

表 5-6　　不同规模主题词向量的整体比较(DC)

	准确度指标			覆盖度指标		
LMIN	Q^a	Q^b	Q^b/Q^a	R^a	R^b	R^b/R^a
20%	.592	.655	1.140	.285	.344	1.243
40%	.559	.622	1.158	.213	.256	1.248
60%	.533	.595	1.169	.188	.218	1.202
80%	.515	.573	1.164	.180	.200	1.133
100%	.500	.555	1.161	.178	.192	1.095
AVE	.540	.600	1.158	.209	.242	1.184

由表 5-6，Q^b/Q^a表示采用群体动力学方法和采用传统方法的准确度系数均值的比值，当 Q^b/Q^a大于 1 则表明群体动力学方法的预测效果普遍为好，小于 1 则表明传统方法的预测效果普遍为好。同理 R^b/R^a是针对覆盖度指标的。由表 5-6 看出，取较少高权值主题词时，随着所取主题数量的增多，群体动力学预测值的准确度指标较传统方法预测值的优势先增大后减小；覆盖度指标则主要是减小，且覆盖度指标对于取较少主题词优势较大。

5.7　基于文献耦合网络的实验

5.7.1　数据准备

使用 3.2.4 小节相同数据集。

5.7.2　数据处理与参数设计

构建文献耦合网络，析出最大连通子图，共包含节点数 19 120，边数2 285 510。根据分析步骤和数据资料，对部分参数进

行设计和说明：

1）采用 CNM 算法①聚类。在第 19 111 步模块度系数达到最大值，程序终止，得到类群 9 个，最大类群包含内部节点 10 054 个，最小类群包含内部节点 2 个。

2）按类群所包含内部节点数量排序。依次分别为：10 054、4 793、2 334、1 889、35、8、3、2、2，取靠前的 $n=4$ 个类群，则最大类群包含10 054个内部节点，最小类群包含 1 889 个。

3）同样，时间段切分也取 $t=10$ 段，则每段 14 个月左右。类群节点连接权值计算了前两期的均值，例如类群 i 在 t 时期的类群节点 $c_{i(t)}$ 到类群节点 $c_{k(t-1)}$ 的连接度 $w_{i(t)k(t-1)}=\frac{l_{i(t)k(t-1)}+l_{i(t)k(t-2)}}{\sum_k[l_{i(t)k(t-1)}+l_{i(t)k(t-2)}]}$，其中 $l_{i(t)k(t-1)}$ 是类群节点 $c_{i(t)}$ 到类群节点 $c_{k(t-1)}$ 的连接数。

如表 5-7 所示，列出了各类群节点在各时段所包含的内部节点数，类群 0 处于核心位置，所包含节点远远多于其他类群，约为其他类群节点数之和。

表 5-7　　类群所包含的节点数（BC）

C_i	时段 t										AVE
	$t=0$	1	2	3	4	5	6	7	8	9	
$i=0$	966	1149	1098	993	950	1027	976	906	1009	980	1005.4
1	556	379	547	493	292	454	553	578	547	394	479.3
2	220	219	227	197	218	257	251	295	271	179	233.4
3	231	243	114	108	242	252	204	199	157	139	188.9

表 5-8 是类群之间的连接强度，即模型中的 W 值，左边第一列表示时刻，最后一列 SUM 值表示各类群的总连接数，矩阵中的

① Clauset A., Newman M. E., Moore C. Finding Community Structure in Very Large Networks[J]. *Phys. Rev. E*, 2004, 70: 066111.

数值是归一化处理之后的连接数比例。类群当前阶段与其上一阶段的连接强度基本是稳定的，例如类群 0 的连接强度分别为 0. 705、0. 889、0. 889、0. 906、0. 878、0. 892、0. 855、0. 878，除第 1 时间段数据差异较大之外，其他阶段相差都不大；类群当前阶段与其他类群上一阶段的连接强度也基本是稳定的，例如类群 0 与类群 1 的连接分别为 0. 203、0. 041、0. 036、0. 041、0. 040、0. 040、0. 051、0. 053，也是除了第 1 阶段表现出一定差异，而后基本是稳定的；至于第 1 阶段的差异，很大可能是前续数据的不足造成的。

表 5-8　　类群之间的连接强度(BC)

TIME	*C*	0	1	2	3	*SUM*	*TIME*	*C*	0	1	2	3	*SUM*
1	0	. 705	. 203	. 024	. 068	68 357	5	0	. 878	. 040	. 019	. 063	77 623
	1	. 110	. 674	. 177	. 039	12 939		1	. 131	. 841	. 012	. 016	23 773
	2	. 159	. 071	. 489	. 281	4 977		2	. 210	. 041	. 516	. 233	6 829
	3	. 035	. 023	. 015	. 927	73 365		3	. 058	. 006	. 017	. 919	112 616
2	0	. 889	. 041	. 018	. 052	101 812	6	0	. 892	. 040	. 018	. 049	72 145
	1	. 123	. 839	. 013	. 025	30 675		1	. 126	. 818	. 017	. 040	25 240
	2	. 217	. 047	. 554	. 182	8 488		2	. 171	. 043	. 492	. 294	8 211
	3	. 060	. 010	. 013	. 917	64 411		3	. 039	. 006	. 018	. 936	106 509
3	0	. 889	. 036	. 015	. 061	94 538	7	0	. 855	. 051	. 015	. 079	64 108
	1	. 121	. 850	. 009	. 020	31 786		1	. 121	. 761	. 017	. 101	34 244
	2	. 281	. 046	. 510	. 164	6 579		2	. 186	. 046	. 510	. 258	8 991
	3	. 065	. 007	. 015	. 914	54 834		3	. 047	. 009	. 022	. 923	88 915
4	0	. 906	. 041	. 017	. 036	77 735	8	0	. 878	. 053	. 023	. 046	60 614
	1	. 138	. 827	. 009	. 026	21 244		1	. 125	. 837	. 015	. 023	30 448
	2	. 208	. 042	. 607	. 142	7 060		2	. 163	. 066	. 530	. 242	8 515
	3	. 085	. 009	. 021	. 886	69 838		3	. 042	. 022	. 031	. 904	56 462

5.7.3 实验结果

表 5-9 为类群的关键词向量的长度统计值。在后文中，类群编号的十位表示类群号，个位表示时段号，如 03 表示 0 号类群在 3 时刻的状态。同上文，L_{real} 表示类群关键词向量的实际长度，L_{tran} 表示通过传统办法预测的关键词向量的长度，而 L_{coll} 为通过本书群体动力学方法所得到的关键词向量的长度。

表 5-9　　类群关键词向量的长度（BC）

C_0	L_{real}	L_{tran}	L_{coll}	C_1	L_{real}	L_{tran}	L_{coll}
02	4303	4349	7505	12	1858	2693	7505
03	4349	4330	7774	13	2693	2613	7774
04	4330	4404	7776	14	2613	1684	7776
05	4404	4744	7687	15	1684	2541	7687
06	4744	4433	8849	16	2541	3007	8849
07	4433	4155	8850	17	3007	3155	8850
08	4155	4635	8906	18	3155	2979	8906
09	4635	4392	8998	19	2979	2370	8998
C_2	L_{real}	L_{tran}	L_{coll}	C_3	L_{real}	L_{tran}	L_{coll}
22	1226	1299	7505	32	1426	766	7505
23	1299	1259	7774	33	766	743	7774
24	1259	1410	7776	34	743	1469	7776
25	1410	1596	7687	35	1469	1502	7687
26	1596	1586	8849	36	1502	1290	8849
27	1586	1945	8850	37	1290	1287	8850
28	1945	1797	8906	38	1287	1054	8906
29	1797	1292	8998	39	1054	974	8998

可见，不管对于哪个类群，群体动力学方法所获得的关键词向量长度都是最长的，其涵盖了同时刻所有类群的所有关键词，远远

长于传统办法所获得的关键词向量的长度。所以，在覆盖性指标上，群体动力学方法无疑是最佳的，这样与传统方法的比较便显得有失公允。

不妨截取相同长度的关键词进行比较，表 5-10 截取两种预测方法所获得的关键词向量频次靠前的 100 个关键词进行考察。

表 5-10　**预测的准确度和覆盖度（BC，KeywordsLenght=100）**

C_0	$q^a_{i(t)}$	$q^b_{i(t)}$	$r^a_{i(t)}$	$r^b_{i(t)}$	C_1	$q^a_{i(t)}$	$q^b_{i(t)}$	$r^a_{i(t)}$	$r^b_{i(t)}$
02	.965	.965	.820	.820	12	.703	.667	.550	.460
03	.950	.947	.790	.770	13	.801	.788	.650	.610
04	.940	.940	.760	.770	14	.655	.620	.460	.470
05	.945	.945	.750	.750	15	.716	.713	.560	.540
06	.950	.951	.800	.810	16	.795	.759	.680	.640
07	.933	.934	.720	.730	17	.797	.809	.640	.660
08	.950	.950	.780	.780	18	.813	.812	.630	.630
09	.937	.936	.750	.740	19	.802	.796	.610	.620
AVE	.946	.946	.771	.771		.760	.745	.598	.579
C_2	$q^a_{i(t)}$	$q^b_{i(t)}$	$r^a_{i(t)}$	$r^b_{i(t)}$	C_3	$q^a_{i(t)}$	$q^b_{i(t)}$	$r^a_{i(t)}$	$r^b_{i(t)}$
22	.830	.786	.520	.470	32	.871	.869	.430	.470
23	.814	.744	.460	.430	33	.851	.816	.400	.410
24	.824	.632	.460	.440	34	.877	.875	.470	.500
25	.842	.804	.540	.510	35	.923	.904	.560	.570
26	.834	.762	.590	.540	36	.938	.926	.590	.630
27	.850	.831	.600	.580	37	.933	.932	.590	.570
28	.848	.780	.570	.510	38	.897	.891	.500	.500
29	.814	.801	.520	.540	39	.909	.909	.520	.560
AVE	.832	.767	.533	.503		.900	.890	.508	.526

通常人们对知识领域的发展趋势的分析，往往都只取较少的高频词进行考察，所以这里不妨截取类群节点主题词向量中的高权值

部分（权值排序前 100 的主题词）进行比较。

表 5-11　同等规模主题词长度的性能比较（BC，KeywordsLength=100）

	准确度指标			覆盖度指标		
	Q_i^a	Q_i^b	Q_i^b/Q_i^a	R_i^a	R_i^b	R_i^b/R_i^a
$i=0$	.946	.946	1.000	.771	.771	1.000
1	.76	.745	.980	.598	.579	.968
2	.832	.767	.922	.533	.503	.944
3	.9	.89	.989	.508	.526	1.035
AVE	.860	.837	.973	.603	.595	.987

由表 5-11 可见，群体动力学方法在准确度指标、覆盖度指标上较传统方法分别略差-0.027%和-0.013%。

群体动力学方法对于同等规模主题词的效果并不比传统方法为优，那么在不同规模的主题词条件下，其预测效果又如何呢？按照各自的主题词的词频进行排序，然后截取相同长度的高权值部分进行比较，分别取 L 为 50、100、150、200、400、600 进行比较分析，计算准确度指标和覆盖度指标的平均效能，如表 5-12 所示。

表 5 12　　不同规模主题词向量的整体比较（BC）

	准确度指标			覆盖度指标		
L	Q^a	Q^b	Q^b/Q^a	R^a	R^b	R^b/R^a
50	.865	.834	.964	.659	.631	.958
100	.860	.837	.973	.602	.595	.988
150	.859	.840	.978	.568	.568	1.000
200	.857	.839	.979	.533	.537	1.008
400	.848	.834	.983	.437	.454	1.039
600	.840	.828	.986	.389	.409	1.051
AVE	.855	.835	.977	.531	.532	1.007

在表5-12中，Q^b/Q^a表示采用群体动力学方法和采用传统方法的准确度系数均值的比值，当Q^b/Q^a大于1则表明群体动力学方法的预测效果普遍为好，小于1则表明传统方法的预测效果普遍为好，同理R^b/R^a是针对覆盖度指标的。由上表5-12看出，取较少出现次数多的关键词或主题词时，随着所取主题数量的增多，群体动力学预测值的准确度指标与传统方法预测值的比值单调增加，但是由于比值始终小于1，即预测效果始终较传统方法要差；覆盖度指标的比值也是单调上升的，且当关键词长度超过150之后，比值大于1，其覆盖度效果较传统方法为佳。

5.8 结果讨论

通过对直接引证网络、文献耦合网络的对比实验，发现在基于直接引证网络的实验中，群体动力学的优化效果较明显，而在耦合网络的实验中，群体动力学并不比传统方法好。对于基于直接引证网络实验的讨论如下：

1）在同等主题词规模下，群体动力学方法的预测准确度较传统方法高，对于小知识领域的预测效果比大知识领域好。由表5-5可以看出，群体动力学方法的预测比传统方法好：准确度指标平均高出14%，覆盖面指标平均高出20%。正文中我们只列出主题词规模取100个的情况，而在其他规模上，群体动力学方法均较传统方法好，由于数据较多，本节没有一一列出。

2）对于较小规模的知识类群，即小知识领域，群体动力学方法的预测效果更明显。如表5-1所示，按照节点数由多到少，依次可以把类群划分为三个部分：类群0、1、2表示大知识类群；类群3、4、5、6表示中等知识类群；类群7、8表示小知识类群。但是从表5-5可以看出，群体动力学方法对于小知识类群的预测效果较传统方法优很多，准确度指数比值最高达159%，覆盖面指数比值最高达184%，而对于大知识类群的预测效果的优势则较少，相应两个指标的最小值为101.5%和103.9%。

对于这个结论，可能的原因是：小知识类群对相关联知识类群

的依赖程度更高，更容易受到其他知识类群的影响，所以对于小知识类群、学科领域的发展趋势的预测要充分联系相关联学科的发展来做判断。群体动力学方法从较大知识范围出发，以普遍关联的视角考虑知识发展，所以预测效果好于传统方法。

3）在不同规模主题词条件下，准确度指标的优化效果（Q^b/Q^a）随着取的主题词规模的扩大而增加，然而增加的幅度较小；覆盖面指标的优化效果（R^b/R^a）随着取的主题词的规模的扩大而减小，减小的幅度较大；综合来看，群体动力学方法在取较少主题词规模条件下可以取得满意的优化结果。由于人们对知识发展趋势的考察，通常是基于少量的高频词进行的，所以这样的结果也为群体动力学方法的实践应用提供了很好的支持。

4）准确度指标和覆盖面指标数值都随着知识类群规模的减小而降低。如表 5-5 所示，对于大知识类群，如 0、1、2 知识类群，准确度系数在 80% 以上，覆盖面指标也在 55% 以上；而对于小知识类群，如 7、8 类群，准确度系数在 40% 左右，而覆盖面系数低至 20%。可见小知识类群的不确定性更大，预测的难度也更大。然而，群体动力学方法对小知识类群的预测能力比传统方法优势明显。

基于直接引证网络的实证研究得到以下几点结论：①群体动力学方法对知识类群发展趋势的整体预测效果比传统方法优；在本书中，主题词准确度平均高出 15%，主题词覆盖面平均高出约 20%。②群体动力学方法对于小知识领域的知识发展趋势预测的效果比大知识领域的预测效果要好，对于不确定性更大的知识领域的预测效果比传统办法为优；准确度指数比传统方法高 59%，覆盖面指数比传统方法高 84%。③群体动力学方法对于高频主题词方面的预测准确度较传统办法为优，这为群体动力学方法的实践应用提供了有效支持。

基于文献耦合网络的实验表明，群体动力学方法并不比传统方法为优。① 对于同等规模主题词的实验表明，群体动力学方法所获得的结果略逊于传统方法。② 对于不同规模的主题词向量的比较显示：群体动力学方法的预测结果在准确度指标上略次于传统方法，覆盖度指标上稍优于传统方法。且随着主题词向量规模的扩大，群体动力学方法的预测性能相对都是提升的。

对于群体动力学方法针对直接引证网络的实验效果较好，而针对文献耦合网络的效果较差的原因目前还不是很清楚。一种可能的解释是：群体动力学方法强调关联领域之间的相互影响作用，直接引证网络是一个较为松散的稀疏网络①。从前文的聚类中也可以看到，直接引证网络中形成了419个类群，结构较为松散，此时类群之间的依赖性较强，所以适合用群体动力学方法进行分析；而针对耦合网络的聚类只得到9个类群，类群的集中度非常高，类群更多地依赖于内部的发展，受外部类群的影响较弱，所以预测效果并不好。故而，本书认为群体动力学方法作用于直接引证网络来预测新兴趋势的效果要更明显一些。

5.9 本章小结

热点和趋势是群体行动的结果，本书通过将研究粒度放大到知识类群，探讨由知识类群组成的动态知识网络上的群体动力学行为，分析知识类群在相互影响、相互协调的过程中研究热点与趋势的形成过程及规律。以下针对模型及实证结果进行总结：

1）有别于其他新兴趋势分析的办法。本书基于统计方法观测知识类群的发展方向，而不关注类群中局部的某个主题涌现。分析的结果也是整个类群下一阶段的主题词向量的预测值，而不是向通常结构分析那样指明具体的发展主题。当然，通过对群体动力学方法得出的主题词向量进行分析，也是可以得出具体的主题趋势。

2）关于群体动力学模型。本书考察知识在发展过程中的时序变化特征，这种方法较之单纯的聚类和频率统计确定知识发展趋势

---

① Boyack K. W., Klavans R. Co-Citation Analysis, Bibliographic Coupling, and Direct Citation: Which Citation Approach Represents the Research Front Most Accurately? [J]. *Journal of the American Society for Information Science and Technology*, 2010, 61 (12): 2389-2404.

体现出一定优势。而从方程（5-3）和实证结果看来，是强依赖于已有知识基础的。所以，这些不同方法在实质上具有一致性，群体动力学方法更多是从全局角度出发，而聚类和频率则偏向从局部微观考虑。

3）群体动力学方法作用于直接引证网络进行新兴趋势的预测结果较传统方法好，而在文献耦合网络中预测的效果并不比传统方法佳。

此外，本书也存在一些制约因素，例如，对于群体动力学模型直接取的是线性关系，对于非线性关系的情况考虑不够；对 f、H 函数和耦合矩阵的设置需要作进一步的研究；此外，群体动力学的方法隐含结构主义的因素，默认系统是自解释、自组织的。对于此问题，可以通过在动力方程（5-3）中引入扰动项，作为系统的外部输入，以此避免系统的封闭性，但是，扰动项的处理无疑是一个非常复杂的问题。

5.10　附录：不同类型知识网络探测新兴趋势的效能比较

考虑到知识类群的规模对于统计结果的影响，构造考虑类群规模影响的指标：$sizeweight(i) = size(i) \Big/ \sum size(i)$，表示类群 i 的规模权重；则有考虑类群规模的准确度指标：$Q^a = \sum_i Q_i^a \times sizeweight(i)$，$Q^b = \sum_i Q_i^b \times sizeweight(i)$，和覆盖度指标：$R^a = \sum_i R_i^a \times sizeweight(i)$，$R^b = \sum_i R_i^b \times sizeweight(i)$。基于这些指标，重新进行实验。

(1)针对直接引证网络的实验

在同等主题词规模下，群体动力学方法的预测准确度较传统方法高。由表 5-13 可以看出，主题词规模取 100 进行考察，群体动力学方法的预测比传统方法好，准确度指标平均高出 6.7%，覆盖面指标平均高出 11.7%。

表 5-13　同等规模主题词长度的性能比较(**DC,KeywordsLength=100**)

	准确度指标			覆盖度指标		
	Q_i^a	Q_i^b	Q_i^b/Q_i^a	R_i^a	R_i^b	R_i^b/R_i^a
$i=0$	.833	.849	1.019	.558	.582	1.045
1	.846	.859	1.015	.559	.594	1.063
2	.808	.821	1.016	.551	.573	1.039
3	.638	.704	1.103	.360	.426	1.184
4	.665	.698	1.049	.369	.406	1.102
5	.598	.675	1.130	.330	.391	1.186
6	.653	.687	1.052	.364	.416	1.144
7	.348	.484	1.391	.165	.240	1.455
8	.310	.494	1.595	.125	.230	1.840
9	.274	.283	1.032	.125	.121	.970
AVE(Size-weighted)	.728	.763	1.067	.459	.498	1.117

表 5-14　　不同规模主题词向量的整体比较(**DC**)

	准确度指标			覆盖度指标		
LMIN	Q^a	Q^b	Q^b/Q^a	R^a	R^b	R^b/R^a
20%	.707	.746	1.072	.341	.392	1.169
40%	.680	.722	1.081	.254	.294	1.177
60%	.657	.697	1.085	.225	.248	1.127
80%	.638	.675	1.082	.212	.226	1.079
100%	.622	.657	1.080	.207	.215	1.050
AVE	.661	.699	1.080	.248	.275	1.120

而在其他规模上，如表 5-14 所示，群体动力学方法也均比传统方法好，准确度和覆盖面值平均优化效果为 8% 和 12%。

(2)针对文献耦合网络的实验(见表 5-15)

表 5-15 **同等规模主题词长度的性能比较(BCN，KeywordsLength = 100)**

	准确度指标			覆盖度指标		
	Q_i^a	Q_i^b	Q_i^b/Q_i^a	R_i^a	R_i^b	R_i^b/R_i^a
$i=0$	.946	.946	1.000	.771	.771	1.000
1	.760	.745	.980	.598	.579	.968
2	.832	.767	.922	.533	.503	.944
3	.900	.890	.989	.508	.526	1.035
AVE	.881	.868	.984	.672	.666	.989

群体动力学方法对于同等规模主题词的效果并不比基线方法优，在不同规模的主题词条件下，其预测效果如表 5-16 所示。

表 5-16 **不同规模主题词向量的整体比较(BCN)**

	准确度指标			覆盖度指标		
L	Q^a	Q^b	Q^b/Q^a	R^a	R^b	R^b/R^a
50	.882	.864	.979	.723	.701	.969
100	.881	.868	.985	.672	.666	.991
150	.883	.873	.988	.651	.651	.999
200	.882	.873	.990	.621	.622	1.002
400	.877	.869	.991	.529	.539	1.018
600	.872	.866	.993	.480	.492	1.024
AVE	.880	.869	.988	.613	.612	1.001

群体动力学方法针对直接引证网络的实验效果较好，准确度和覆盖面值加权均值优化效果为 8% 和 12%。而针对文献耦合网络的

效果较差的原因，一个可能的解释是：群体动力学方法强调关联领域之间的相互影响作用，直接引证网络是一个较为松散的稀疏网络，从聚类中也可以看到，直接引证网络中最大连通子图包含17 340个节点，52 168条边，聚类得到419 个类群，结构较为松散，此时类群之间的依赖性较强，所以适合采用群体动力学方法进行分析；而文献耦合网络的最大连通子图包含19 120个节点，2 285 510条边，聚类只得到9 个类群，类群的集中度非常高，类群更多依赖于内部的发展，受外部类群的影响较弱，所以预测效果并不好。通过文献耦合网络进行聚类的效果比直接引证网络要好，同类型的文献聚合到了一起，这一点在 Boyack 和 Klavans 的文章①中也得到了验证。相比而言，通过直接引证网络获得的知识类群则比较松散。

不同类型的知识网络，用于探测新兴趋势的效能并不一样。本研究讨论了两方面：一是知识网络的差异；二是新兴趋势探测方法的差异。群体动力学方法作用于直接引证网络进行新兴趋势的预测结果较基线方法为好，而在文献耦合网络中预测的效果并不比基线方法为佳。

新兴趋势探测效能差异的第三个方面的原因是数据的差异，即采用不同的数据集，所得的结果也有差异，例如采用物理学科的数据和管理学科的数据，产生的结果也存在差异，这一点在本研究中没有进行分析。这些问题本研究没有讨论，可以作为进一步的研究课题。

---

① Boyack K. W. , Klavans R. Co-Citation Analysis, Bibliographic Coupling, and Direct Citation: Which Citation Approach Represents the Research Front Most Accurately? [J] *Journal of the American Society for Information Science and Technology*, 2010, 61(12): 2389-2404.

第6章　知识空间中知识创造者的迁移分布

6.1　引言

探索知识创造者创造性活动的迁移及其分布是研究知识产生过程和知识创新的有效途径。Brookes① 很早就提出知识空间的概念，认为人类所创造的知识散布于多维空间之中，展现出不同的结构和形态。那么在知识空间之中，知识创造者的知识创造性活动是如何迁移的？这些迁移活动在时间上和空间上又是怎样分布的？本章针对知识空间中知识创造者创造性活动的迁移及其分布，主要探讨知识创造者进行知识创造活动在时间上的密集程度、在空间上的范围和广度。

一般认为，知识创造者长期着眼于某一狭小知识领域的探索有利于对此领域进行深入的挖掘和研究，而开拓新的研究内容，进行知识领域的转移则往往会激发创新的想法和不同的思路。文艺复兴以来，科学发展如此之快，人类的知识积累和科学探索也变得非常繁杂与广阔，学科和知识领域在反复地被细化。一个人的智力和体力是有限的，知识创造者的创造性活动也变得越来越专业和精深，现代人要想在很多领域都做出不俗成就是非常困难的，就如数学界普遍认为19世纪末数学家 Poincaré J. H. 是对于数学及其应用具有全面知识的最后一个人，而现当代数学家最多也只能算是某一个领

① Brookes B. C. The Foundations of Information Science (Part IV) [J]. *Journal of Information Science*, 1981(3): 3-12.

域、分支的专家而已。然而另外也有很多人认为，进行跨知识领域的探索和转移对于保持知识创造者研究的兴趣和热情也是很有必要的，一些学者也成为多领域的专家，且知识领域转移往往还会激发一些意想不到的灵感，比如 Simom H. 在经济学、心理学、行为科学、计算科学等领域之间的频繁转移，在多个方面做出了杰出的成就。

可见，探讨知识创造者创造性活动的迁移是一个很有意思的课题。那么，在知识创造过程中，知识创造者转移的范围有多大？他们进行狭小知识领域的探索和进行长距知识领域迁移的几率分别有多大？知识创造活动在时间上是长期稳定的，还是杂乱和随意的？本书关注于这些问题，尝试对知识创造者创造性活动的时间和空间迁移及其分布做出一些探索。

6.2 研究背景

关于人或生物的移动和迁移，人们更多想到的是无序的随机游走，局限于一确定的范围，发生长时停留和长距转移的概率极低。大家或许也会想到用 Erlang① 分布来描述时间间隔问题，到达是偶然和随机的，是一个只依赖于时间、无后效应的泊松过程，到达时间相互独立且服从指数分布；又由于移动距离是依赖于时间的(距离=时间×速度，速度取定值)，所以迁移的空间分布也满足指数规律。然而当前的研究却发现了一些差异：关于动物的迁徙以及人类的移动，Viswanathan 等人②发现信天翁的飞行时间和飞行距离满足幂率分布(Power-law Distribution)；Nakamura 等人③从生理层次

① 李贤平. 概率论基础(第2版)[M]. 北京：高等教育出版社，2003：129-130.

② Viswanathan G. M., Buldyrev S. V., Havlin S. Optimizing the Success of Random Searches [J]. *Nature*, 1999, 401：911-914.

③ Nakamura T., Kiyono K., Yoshiuchi K., et al. Universal Scaling Law in Human Behavioral Organization [J]. *Physical Review E*, 2007, 99 (13)：138103.

对人类的动作进行研究也发现了类似的分布规律，且不同类型的人(忧郁症患者和健康者)的幂指数是相同的，忧郁症患者活动的平均间隔时间更长、平均空间位移更短。而 Brockmann 等人①、Gonzalez 等人②、Song 等人③、汪秉宏等人④分别以电子支票、移动手机等为媒介探讨人类的迁徙活动，发现人类的活动空间范围也满足指数截断的幂率分布。此外对于人类的其他一些行为也发现了类似的规律，Barabási 等人⑤、Zhou 等人⑥、郭进利⑦、樊超等人⑧的研究表明人类的电子邮件、书信、网络电影点播、博客评论和图书借阅的时间间隔分布也具有重尾(Heavy-tailed)和阵发(burst)的特征。

重尾分布(Heavy-tailed distribution)也称为胖尾(Fat-tailed)、厚尾(Thick-tailed)或长尾(Long-tailed)分布，指的是一类不存在指数

---

① Brockmann D., Hufnagel L., Geisel T. The Scaling Laws of Human Travel[J]. *Nature*, 2006, 439: 462-465.

② Gonzalez M. C., Hidalgo C. A., Barabasi A. L. Understanding Individual Human Mobility Patterns [J]. *Nature*, 2008, 453: 779-782.

③ Song C. M., Qu Z. H., Blumm N., et al. Limits of Predictability in Human Mobility[J]. *Science*, 2010, 327: 1018-1021.

④ 汪秉宏，韩筱璞. 人类行为的动力学与统计力学研究[J]. 物理，2010，39(1)：28-37. (Wang B. H., Han X. P. The Dynamics and Statistical Mechanics of Human Behaviors [J]. *Physics*, 2010, 39(1): 28-37.)

⑤ Barabási A. L. The Origin of Bursts and Heavy Tails in Human Dynamics [J]. *Nature*, 2005, 435: 207-211.

⑥ Zhou T., Kiet H. A. T., Kim B. J., et al. Role of Activity in Human Dynamics[J]. *Europhysics Letters*, 2008, 82 (2): 28002.

⑦ 郭进利. 博客评论的人类行为动力学实证研究和建模[J]. 计算机应用研究，2011，28(4)：1422-1424. (Guo J. L. Empirical Study and Modeling of Human Behavior Dynamics of Comments on Blog Posts [J]. *Application Research of Computers*, 2011, 28(4): 1422-1424.

⑧ 樊超，郭进利，纪雅莉，等. 基于图书借阅的人类行为标度律分析[J]. 图书情报工作，2010，54(15)：35-39. (Fan C., Guo J. L., Ji Y. L., et al. Analysis of Human Behavior Scaling Law Based on Library Loans [J]. *Library and Information Service*, 2010, 54(15): 35-39.

阶矩的分布函数①，即对 $\forall \lambda > 0, \mathrm{E}e^{\lambda X} = \int_0^{\infty} e^{\lambda x} dF(x) = \infty$。与泊松分布相比，重尾分布的衰减速度要慢一些，出现大观测值的概率要高于泊松分布，反应在时间间隔分布上就是具有阵发特征，即长时间静默和短时密集发生同时存在。Embrechts 等还给出了重尾分布的一个较为直观的定义②：如果密度函数是以幂指数衰减至 0 的，称该分布函数为重尾的，如果密度函数是以指数函数衰减至 0 的，则称该分布函数为轻尾(Light-tailed)的。从图形上来看，重尾分布在双对数坐标轴上是一条直线，而轻尾分布则是一条弧线。可见，人类很多活动的时间间隔、空间迁移均具有重尾特征，那么知识创造者创造性活动的迁移是否也具有这种特征呢？我们不妨先看一看动物行为产生重尾分布的动力学机制。

人类或动物行为产生重尾分布的动力学机制是怎样的？针对此方面问题，Barabási③ 提出了基于优先权的任务队列模型，人们在任务队列中按照优先权高低选择任务，从而使得高优先权任务一进入队列即快速得到解决，而低优先权任务则需等待很长时间；Gabrielli 等人④对这一模型的精确解析显示，在队列长度可变与不可变的情况下，模型均可以产生幂律的等待时间分布。Blanchard 等人⑤用实时排队理论讨论了有截止时间的任务队列问题，解析结果表明，当截止时间满足重尾分布特征时，等待时间的分布也具有

---

① Embrechts P. , Kluppelberg C. , Mikosch T. *Modelling Extremal Events for Insurance and Finance*[M]. Berlin: Springer-Verlag, 1997.

② Embrechts P. , Kluppelberg C. , Mikosch T. *Modelling Extremal Events for Insurance and Finance*[M]. Berlin: Springer-Verlag, 1997.

③ Barabási A. L. The Origin of Bursts and Heavy Tails in Human Dynamics [J]. *Nature*, 2005, 435: 207-211.

④ Gabrielli A. Caldarelli G. Invasion Percolation and Critical Transient in the Barabasi Model of Human Dynamics [J]. *Physical Review Letters*, 2007, 98(20): 208701.

⑤ Blanchard P. , Hongler M. O. Modeling Human Activity in the Spirit of Barabasi's Queueing System [J]. *Physical Review Letters*, 2007, 75(2): 026102.

重尾特征。Han 等人①提出自适应的兴趣模型，人们从事某一行为的兴趣随间隔时间的增加而增强，达到某一确定阈值行为就开始发生，然而行为过于频繁又会反过来削弱继续进行的兴趣，再次穿透阈值时行为又趋于静默，周而复始，模型仿真得到的间隔时间即满足重尾分布。Malmgren 等人②通过观察人们发送电子邮件的方式，指出幂率的时间间隔分布是人类周期性行为的结果，他构建了基于级联非齐次泊松分布的过程模型，外层是非齐次泊松过程，内层是泊松过程，从而得到周期阵发的重尾分布。

从动力学机制来看，知识创造者的创造性活动经常也是具有优先权的任务队列，对于熟悉的知识领域探索，会快速优先解决，而对于生疏的领域则往往要经历漫长的思考过程；也满足一定的兴趣规则，涉足某个新领域时兴趣盎然，持续进行研究，获得较多成果和满足，然而，达到一定程度之后便有些觉得无趣，想进行一些其他方面的探索等；也常常是周期性的，在几个不同的领域之间转移。

本书针对以上问题，统计知识创造者知识创造性活动中的迁移行为，分析这些活动在时间和空间上的分布，探讨不同特征群体(高产者、低产者和全体作者)在迁移统计特征上的差异，从而揭示知识创造者研究兴趣的转移和创造性活动的变化。

6.3　研究设计

知识创造者发表的论著是他们创造性活动的成果，也可以看做他们行走留下的足迹，通过对这些“足迹”的观察和统计分析可以揭示他们在知识空间中的迁移及位置分布。知识创造者连续两次知

---

① Han X. P., Zhou T., Wang B. H. Modeling Human Dynamics with Adaptive Interest [J]. *New Journal of Physics*, 2008, 10(7): 073010.

② Malmgren R. D., Stouffer D. B., Campanharo A. S. L. O., et al. On Universality in Human Correspondence Activity [J]. *Science*, 2009, 325: 1696-1705.

识创造活动的时间间隔和空间位移，表现创造者创造活动在时间上和空间上的密集程度。我们采用创造者连续两次停留之间的间隔来表示创造者的行走步长，本书主要以论文作为创造者的行走足迹来进行分析。

时间间隔方面的度量较为简单，直接统计创造者连续两次创造活动的时间间隔即可；而知识空间方面的行走特征则较为复杂，以下构造空间中行走特征的统计办法。对于足迹的确切位置，可以有两种方法来确定：一种方法是采用知识创造者所写作的论文的主题词向量对足迹进行空间定位，文献的主题词作为最主要的特征文本，代表了文献的核心知识内容，采用它来对足迹进行定位是合适的；第二种方法是采用论文的参考文献向量对足迹进行定位，一篇论文的参考文献代表了此论文作者进行此次知识创造活动的理论基础和理论来源，将此论文的每一条参考文献视为一个特征项，则此篇论文的所有参考文献构成一个特征向量，也可以用来对这篇论文所代表的足迹进行定位。

步长只能描述知识创造者连续两次停留的距离，对于行走范围的度量是缺乏的。时间上的范围只是上述连续行动间隔时间的累加量，掌握了间隔时间分布，即可得到累加时间分布。空间范围的度量较为复杂，由于知识空间是多维的，可以采用创造者当前足迹到初始出发足迹的距离来衡量，简约化处理不妨将距离投射到一维空间之上，计算每一足迹到起始足迹的距离，从而得到空间范围分布的统计特征。

此外，对于不同的群体，知识创造行为的特征是不一样的，本节分三个群体来进行分析：一是高产者群体，由于他们发表了较多论文，可以对他们单个人进行步长(时间和空间)分布上的分析；二是低产者群体，由于他们发表论文较少，单个个体的统计特征难以察觉，所以将多个个体集中到一起进行统计和观察；三是全体，由于3次及以下知识创造活动的时空转移的次数只有2次及以下，难以观察创造者转移的特征，所以针对全体的统计是基于发表论文数量大于4的创造者。

后文即通过实际数据考察上述两个方面指标量的统计特征，有

以下几个方面：一是分析知识创造者知识创造活动在时间和空间上的行走特征；二是分析不同特征群体(高产者、低产者以及全体)知识创造活动的行走足迹分布上的差别。

6.4　数据与方法

6.4.1　数据

使用 3.2.4 节数据集进行分析，得到以下数据：时间跨度 144 个月(1999—2010)，总论文数19 698篇，总作者数76 708人，篇均作者数 3.89 个，总主题词数量40 408个，篇均主题词数量2.05，总参考文献数373 697个，篇均参考文献数18.97个。最高产作者为 Jessell T. M.，完成论文数 42 篇(包括非第一作者论文)。

6.4.2　方法

主题词向量可以简单明确地定位一篇论文的主要内容，但是由于主题词向量过短，用于区分论文之间的差异性有限；而参考文献向量的长度较长，使用它来定位一篇文献也是合适的，在本节中这两种方法将同时考虑。由于主题词和参考文献均存在高频和低频之分，高频词汇和高被引文献在区分知识内容差异方面的较小，所以他们在体现足迹距离方面的特征也要差一些，所以不妨引入向量空间模型(Vector Space Model，VSM)①②中的 TF-IDF 规则对各个特征项进行加权处理。加权公式为 $w_i = f_i \times \log(N/d_i)$，其中，$f_i$是文献中词条 i 出现的频率，N 是数据库中文献的数量，d_i是整个数据库中含有词条 i 的文献的数量。对所有文献的数量 N 和词条 i 的文献数量 d_i的比值进行 log 运算，是为了削弱 d_i和 N 对最终词语加权 w_i

① Salton G.，Lesk M. E. Computer Evaluation of Indexing and Text Processing[J]. *Journal of the* ACM，1968，15(1)：8-36.

② Salton G.，McGill M. J. *Introduction to Modern Information Retrieval*[M]. McGraw-Hill Book Co.，New York，1983.

的影响。上式即被称为 TF×IDF，词条频率 f_i×逆文献频率 $\log(N/d_i)$。这个加权办法被证明是非常有力并难以被推翻的①。在一篇文章中，主题词和参考文献均是唯一的，所以 TF 项不变，只存在 IDF 项上的差异；IDF 对高频词汇、高频文献较低的加权使得他们对足迹距离上的区分程度削弱，从而突出低频差异项的区分程度。

记创造者第 t 篇论文所表示的足迹为向量 $v(t)$，则步长为第 t 篇文献对第 $t-1$ 篇文献的相异特征项的和，即 $d = \sqrt{\langle v(t) - v(t-1),\ v(t) - v(t-1)\rangle}$，其中根号内表示向量差的内积。同理，任一足迹到初始出发足迹的距离 $s = \sqrt{\langle v(t) - v(0),\ v(t) - v(0)\rangle}$ 表示行走的范围，其中 $v(0)$ 表示行走的初始足迹，数据量的限制使得文中难以统计到作者的初始起点，所以 $v(0)$ 指的是在本节统计时间区间之内的每一作者的最早一篇论文，当然，所得到的行走范围也是这一时间区间之内的知识创造者的活动范围。

6.5 统计分析

6.5.1 时间间隔与空间位移分布

(1)高产知识创造者的时间间隔与空间位移

关于时间间隔分布，截取高产学者 Jessell T. M.，Tessier Lavigne M. 和 Nasmyth K. 三人，他们在 1998 年至 2010 年分别完成 42 篇、41 篇、41 篇学术论文(包括非第一作者论文)，横坐标是连续知识创造活动的序号，如第 n 篇论文，纵坐标是相邻两次知识创造活动之间的时间间隔，如第 n 篇论文发表与前一篇论文发表的时间间隔，如图 6-1 所示。

由图 6-1 可以看出，每个知识创造者的连续两次知识创造活动的时间相隔不是均匀分布的，很长时间不创造和很短时间之内连续

① Robertson S. Understanding Inverse Document Frequency: On Theoretical Arguments for IDF[J]. *Journal of Documentation*, 2004, 60(5): 503-520.

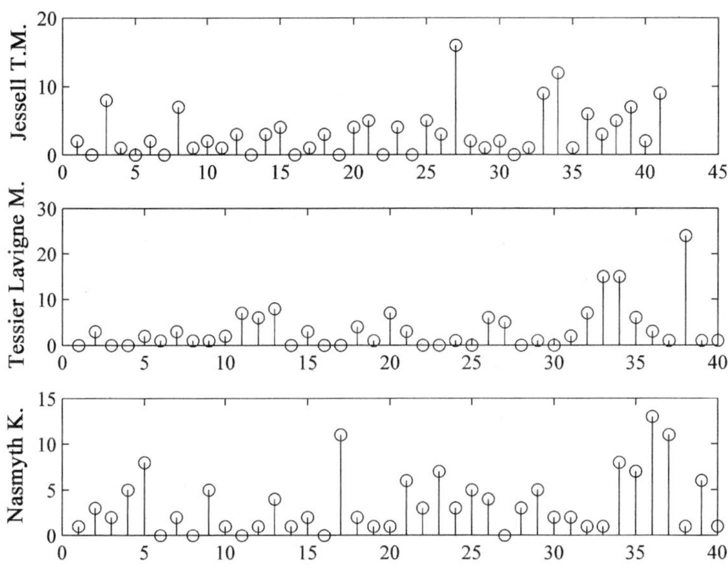

图 6-1　高产者连续知识创造活动的时间间隔

创造是同时存在的。例如，作者 Jessell 在短时间内连续完成第 28 至第 32 篇论文，然后第 33、34 篇则间隔了较长时间；而作者 Nasmyth 连续快速完成第 30 至 33 篇论文，第 34 至 37 篇论文则都间隔了较长时间。

关于空间位移，考察知识创造者 Tessier Lavigne M. 的足迹，图 6-2 由上而下分别是连续主题词向量、参考文献向量的位移的变化情况。横坐标是连续知识创造的论文编号，纵坐标是足迹向量的相异性程度(无量纲)。

由图 6-2 可以看出，主题词向量所表示的位移分布较为集中，多数集中在 20 至 30 之间；然而高偏离量偶尔也会出现。例如第 25 篇、第 31 篇论文相异性程度分别为 5 和 35，一个可能的原因是主题词向量本身比较短，且是固定长度，这就限制了较大偏离量出现的情况；参考文献向量所表示的位移的振幅就更大一些，低至 0、高至 270 的量均有，大值和小值频繁出现，也不是均匀分布的。

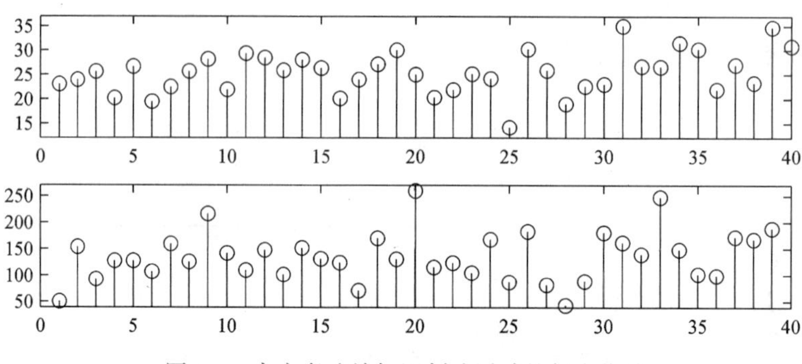

图 6-2　高产者连续知识创造活动的行走位移

(2)知识创造者群体的时间间隔与空间位移

知识创造者连续两次知识创造活动满足什么样的分布呢？由于统计时间过短，单独一个人的数据难以看出明显规律，不妨集合多个人的数据进行统计分析。对高产者和低产者两个群体分别进行了统计，高产者部分截取了发表论文 17 篇及以上学者，低产者部分截取了发表论文 7 篇，数据量均为 950 个左右，这样选择的依据是为了保证图形上的可比性；也对创造者总体进行了统计分析，统计了发表论文 4 篇以上的所有创造者的连续知识创造过程的时间间隔。

由图 6-3 可以看出，高产者的时间间隔分布在双对数坐标系中是直线，可能满足重尾分布；而低产者则为弧线，近似指数阶分布规律；而总体来看，也是弧线，近似指数阶分布函数。所以，对于高产者而言，长时静默和密集阵发是同时存在的；而对于低产者，知识创造的随机性更强，由于知识创造群体中，低产者占有绝大多数，所以总体的分布也是满足指数阶函数分布的。此外，图 6-3 也可看出，高产者连续知识创造的时间间隔分布在低产者的左边，即高产者连续知识创造的时间间隔较低产者短。

统计高产者、低产者和全体行走步长的分布。同样，高产者截取的是发表论文 17 篇及以上作者群，低产者截取的是发表论文 7 篇的作者群，而全体则是发表论文 4 篇及以上的创造者群体，选取

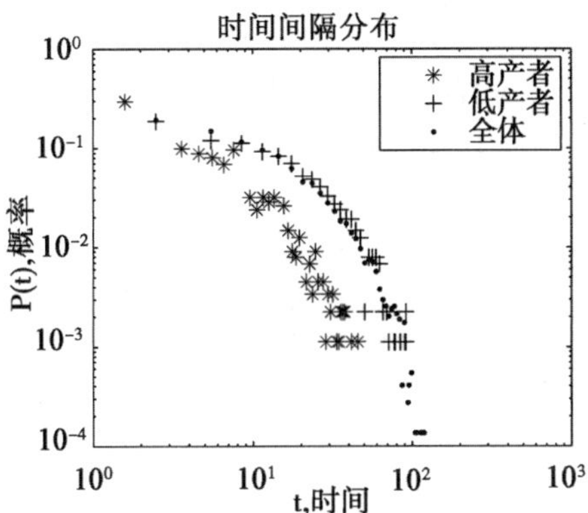

图 6-3　连续知识创造活动时间间隔的分布

4 是因为发生了 3 次迁移，过少则难以表示一定的分布形态。

如图 6-4 可以看出，高产者、低产者和全体分布函数在尾部都重合了，均满足重尾分布，主题词向量所描述的步长分布尾部的斜率更大，所以分布的集中程度更高，这和前面图 6-2 的分析是吻合的；参考文献向量所描述的步长分布的斜率相对小一些，说明不均匀程度更大。

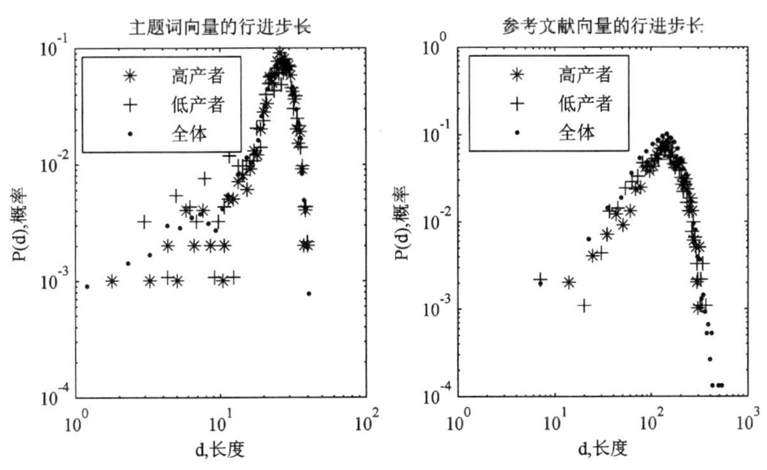

图 6-4　连续行走步长分布

6.5.2 行走范围分布

(1)高产知识创造者的行走范围

考察知识创造者 Tessier Lavigne M. 的足迹，图 6-5 由上而下分别是主题词向量所表示的足迹到起始点的距离、参考文献向量所表示的足迹到起始点的距离的变化情况。横坐标是连续知识创造过程的编号，纵坐标是足迹向量的相异性程度。

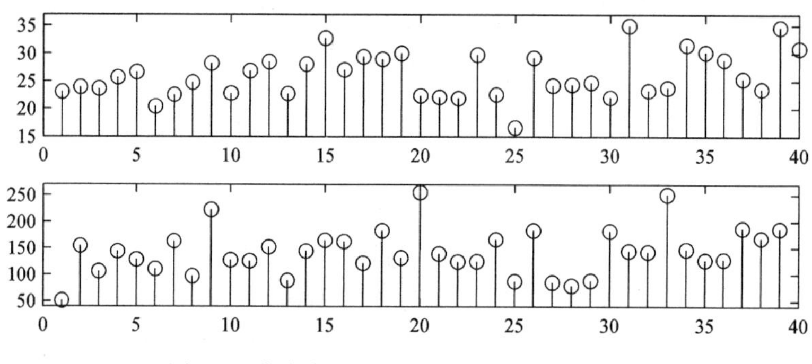

图 6-5　高产者连续知识创造活动的行走范围

由图 6-5 可以看出，主题词向量所表示的足迹到初始起点的距离分布均较为集中，然而偶然的高偏离量也出现；参考文献向量所表示的足迹到初始起点的距离分布的振幅较大，大值和小值均频繁出现，不均匀程度明显。

(2)知识创造者群体的行走范围

统计高产者、低产者和全体行走范围的分布，同样，高产者截取的是发表论文 17 篇及以上作者群，低产者截取的是发表论文 7 篇的作者群，而全体则是发表论文 4 篇及以上的创造者群体。

如图 6-6 可以看出，高产者、低产者和全体分布函数在尾部都重合了，均满足重尾分布；主题词向量所描述的范围分布尾部的斜率更大，所以分布的集中程度更强；参考文献向量所描述的范围分布的斜率相对小一些，说明不均匀程度更大。

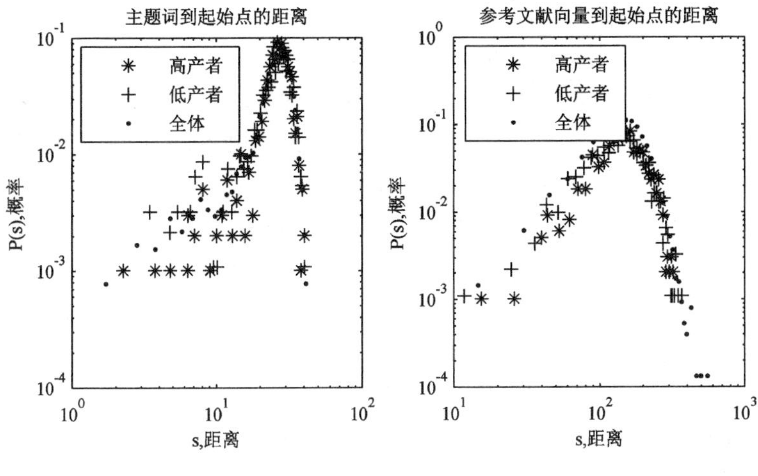

图 6-6 行走范围分布

6.6 结果讨论

1)低产知识创造者的知识创造活动在时间上的分布的尾部近似满足指数函数，随机性较高产者要大，间隔时间也较高产者更长。可能的原因是低产者知识创造的体系性和结构性较高产者差，随意性更强；低产者和全体的时间间隔分布函数尾部基本重合，可以看出整个群体具有自相似的特征。

2)知识创造者知识创造活动的空间分布满足重尾特征，且高产者、低产者和全体的分布函数尾部基本重合，具有自相似特征。连续知识创造活动中长距领域转移和短距密集创造同时存在，对于这个方面，一个可能的解释是：知识创造者经过一段时间对某领域的深入研究之后，开始试探其他领域，从而出现一些频繁的长距的领域探索。对于这方面的动力学模型，Han 等人①提出的自适应兴

① Han X. P., Zhou T., Wang B. H. Modeling Human Dynamics with Adaptive Interest [J]. *New Journal of Physics*, 2008, 10(7): 073010.

趣模型具有一定的解释力，然而要把对一件事情的兴趣理解为对多知识领域的兴趣。

3)高产知识创造者的知识创造活动在时间上的分布不是均匀的，具有重尾特征，长时的静默和突然的高效产出是同时存在的。一个可能的解释是人类行为的周期性特征：长时间的积累和思考获得突然的灵感，从而带来一段时间高效的产出，这个过程也耗费了大量精力，而后就又需要长时间的积累、思考和休息。对于这种情况，可以采用 Malmgren 等人①提出的级联非齐次泊松过程模型进行解释，该模型通过构造了外部非齐次泊松过程、内部齐次泊松过程的级联模式，反映了人类行为的周期性、重复性和重尾特征。不过对图 6-1 的观察可以看出，高产者的知识创造活动难以看出明显的周期性。

4)将范围距离 s 记为当前足迹到起始足迹之间的距离进行统计，一定程度上不能体现知识创造活动的广度。因为可能存在这样的情况，所有的行走足迹距离起始点的距离都很长，但是这些足迹之间的距离却很短(排除初始足迹)，此时知识创造者的知识创造活动范围是很集中、很窄的，这样就会出现与 s 量的统计结果不一致的情况。

5)主题词向量和参考文献向量本身长度的有限性，使得用它们来定位知识创造活动存在局限。一篇文献的主题词一般不超过 10 个，而当前论文参考文献的条数通常为 35 篇②，它们的长度都是有限的，所得结果难以出现偏离均值很大的量，难以度量空间转移的幅度。

① Malmgren R. D., Stouffer D. B., Campanharo A. S. L. O., et al. On Universality in Human Correspondence Activity [J]. *Science*, 2009, 325: 1696-1705.

② Biglu M. H. The Influence of References Per Paper in the SCI to Impact Factors and the Matthew Effect [J]. *Scientometrics*, 2008, 74(3): 453-470.

6.7　本章小结

通过对高产、低产和作者全体知识创造者群体在知识创造过程中迁移的时间和空间分布进行统计分析，得到以下结论：①高产知识创造者的知识创造活动的时间间隔满足重尾分布，具有阵发特征，长时静默和密集阵发同时存在；低产知识创造者的相应分布则近似满足指数函数，随机性和偶然性更强。②知识创造者的知识创造的空间分布满足重尾分布，密集的局限于某一领域进行知识创造，然而也会做一些长距的知识领域转移探索；高产者、低产者和全体知识创造者的知识领域分布具有重合的尾部，知识创造过程的空间转移具有自相似特征。

第7章 专利网络中科技创新趋势的探测

7.1 引言

把握科技创新趋势是抢占新一轮经济和科技发展制高点的关键。自近年爆发全球范围的金融和能源危机以来，世界各国纷纷启动了一轮声势浩大的科技创新和产业振兴计划①：美国、欧盟、日本等发达经济体投入巨资支持本国的科技研发和产业提升；我国政府也迅速将创新上升到国家战略层面，提出大力培育和发展战略型新兴产业。然而，哪些技术是未来发展的热点和前沿？哪些领域是当前亟须突破的重点？成为摆在产业界和科技界面前的一个首要问题。

把握科技创新趋势是商业成功的先导。在20世纪70年代，新产品开发所获得的收益占到企业总体收益的20%，到了20世纪90年代，这一比例上升到了50%②③。经济学家估测，对于大多数国家而言，针对新市场的新技术产品会带来40%～90%的国家财富增值④。当前，市场节奏加快，新技术层出不穷，产品生命周期缩

---

① 赵志耘，郑佳．从专利分析走向看技术创新与经济周期的关系[J]．中国软科学，2010，9：185-192.

② Takeuchi H.，Nonaka I. The New Product Development Game[J]. *Harvard Business Review*，1986，64：137-146.

③ Von Hippel E.，Leaduser：A Source of Novel Product Concepts[J]. *Management Science*，1986，32：791-805.

④ Campbell R. S. Patent Trends as a Technological Forecasting Tool[J]. *World Patent Information*，1983，5(3)：137-143.

短，对科技创新趋势的研判也成为企业界所面临的一个首要问题。

理清科技发展的脉络，探索科技创新趋势是解决上述问题的主要途径。然而，大数据(Big data)时代的巨量信息产出和大科学(Big science)背景下的复杂知识需求，使得从庞杂的信息资源中理清知识发展的脉络，对科技的重点领域和创新趋势做出准确的判断变得异常困难。这一情势已经危及人类的知识生产、利用和再创造活动，学术界形象地称其为“情报危机”。

专利分析可以展示技术细节及其相关关系，揭示科技创新趋势，激发创新工业方案以及提供投资政策建议①，从宏观层次的战略分析到微观层次的特定领域科技趋势建模②③。总体而言，专利分析可以归纳出以下几个研究视角：专家判断视角提出头脑风暴、用户分析、标杆法、大规模德尔菲调查、TRIZ(Theory of Inventive Problem-Solving)等方法。信息分析视角通过引证关系(citation)和共现(co-occurrence)关系，采用专利聚类、文本挖掘(text mining)等方法处理大规模数据，进而展现科技发展脉络和创新趋势。专利信息可视化视角提供了一个直观、高效的途径来观测科技创新趋势，使对专利信息的理解突破了传统方法的约束。专利演化网络视角考察专利网络的演化以及发明者群体的创新行为，是研究创新活动和科技创新趋势涌现的又一有效工具④。

专利分析对于阐明科技创新趋势的涌现过程具有重要的意义，可以为科技发展和趋势预测提供方法和工具，为国家和企业制定科

---

① Jung S. Importance of Using Patent Information [R]. WIPO—Most Intermediate Training Course on Practical Intellectual Property Issues in Business, World Intellectual Property Organization(WIPO), Geneva, 2003: 10-14.

② Abraham B., Morita, S. Innovation Assessment through Patent Analysis [J]. *Technovation*, 2001, 21: 245-252.

③ Watanabe C., Tsuji Y., Griffy-Brown C. Patent Statistics: Deciphering A "Real" Versus A "Pseudo" Proxy of Innovation[J]. *Technovation*, 2001, 21(12): 783-790.

④ Lewis T. G. *Network Science: Theory and Applications*[M]. John Wiley & Sons, Inc., 2009.

技发展战略提供决策参考。本书概述基于专利信息分析科技创新趋势的理论、方法和系统，比较分析了各种方法的优势和不足之处，并且对于以后的发展方向和研究重点进行了探讨。

7.2 当前主要的研究概况

通过专利分析探讨科技创新趋势，以下从专家判断、信息分析、信息可视化和网络演化几个方面展开进一步解释说明：

1）通过集体讨论、大规模独立调查、标杆管理、用户需求分析等专家判断方法获得科技创新趋势。科技创新趋势的研判是一个复杂的系统工程，需要结合研究基础、技术趋势、用户需求等做出综合判断，专家判断方法依托领域专家的个人经验和知识进行趋势分析，可以得到精确的结论，然而需要专业的培训和严格的训练，数据分析的规模也受到限制。

2）以信息和数据为中心，通过信息计量和数据挖掘技术分析创新趋势。这种方法又可以划分为两类，一类是专利文献计量（Bibliometrics），主要是利用专利数据库中的发明者（Inventors）、科技领域（field）、引证（reference）等规则数据进行研究①，其中最常用的是引文分析②和聚类分析；另一类是文本挖掘（Text Mining，TM），这种方法可以用于对专利文献中非规则信息进行研究，如对描述项（description）的研究③，目前 TM 被广泛地应用于专利分析

---

① Daim T., Rueda G., Martin H., Gerdsri P. Forecasting Emerging Technologies: Use of Bibliometrics and Patent Analysis [J]. *Technological Forecasting & Social Change*, 2006, 73: 981-1012.

② Morris A., Wu Z., Yen G. ASOM Mapping Technique for Visualizing Documents in A Database [C]. Proceedings of the IEEE International Joint Conference on Neural Networks, Washington DC, USA, July 2001.

③ Lee S., Yoon B., Park Y. An Approach to Discovering New Technology Opportunities: Keyword-based Patent Map Approach [J]. *Technovation*, 2009, 29: 481-497.

之中①②③④。专利计量和文本挖掘视角的欠缺之处是：在结果准确度方面有待进一步改进，且较少关注创新者的因素。

3）专利可视化视角，通过建立专利地图等来分析科技创新趋势（Kim，et al.，2008）⑤。大量的理论和方法表明，可视化方法可以提供相对传统分析技术更直观的结果而被认为是最好的专利数据分析方法之一。特别是对于决定科技投资方向的高层管理和决策人员而言，可视化方法比文本、表格、列表等传统知识发现方法更加有效。然而，随着专利信息数据规模的扩大，专利可视化图谱的直观性受到了很大的削弱。

4）通过分析专利网络的演化研究科技创新趋势，基于专利引文或主题词共现将专利文献构建为专利网络，不断增加的专利文献形成增长网络和动态演化网络，通过探讨专利网络的增长和演化研究科技创新趋势的生成过程，建立科技创新趋势发现的探测算法。Liu，Jiang 与 Ma 构造了知识网络中的群体动力学模型和算法研究新兴趋势的涌现过程⑥。

以下分别针对上述四种研究思路所设计的方法进行概述，并对

---

① Andal M.，Oyanagi S.，Yamakazi K. Research on Text Mining Techniques to Support Patent Map Generation[J]. *Forum on Information Technology*，2006：111-112.

② Kim Y. G.，Suh J. H.，Park S. C. Visualization of Patent Analysis for Emerging Technology[J]. *Expert Systems with Applications*，2008，34(3)：1804-1812.

③ Yoon B.，Park Y. A Text-mining-based Patent Network：Analytic Tool for High-technology Trend[J]. *The Journal of High Technology Management Research*，2004，15(1)：37-50.

④ 尹丽春，刘则渊，殷福亮，杨中楷．中国专利研究现状的计量分析[J]．科学学研究，2008，26(1)：39-45.

⑤ Kim Y. G.，Suh J. H.，Park S. C.. Visualization of Patent Analysis for Emerging Technology[J]. *Expert Systems with Applications*，2008，34(3)：1804-1812.

⑥ Liu X.，Jiang T. T.，Ma F. C. Collective Dynamics in Knowledge Networks：Emerging Trends Analysis [J]. *Journal of Informetrics*，2013a，7(2)：425-438.

当前的科技创新趋势分析系统和工具的研究进展进行评述。

7.3　专家判断视角发现科技创新趋势

头脑风暴(brainstorming)、群体动力(group dynamics)、用户分析(user analysis)、标杆法(benchmarking)、技术预测(technology forecasting)、大规模德尔菲调查(large-scale Delphi surveys)等方法较早就被应用于科技创新趋势研究中(Urban and Hauser, 1993)①。这些方法试图通过集体讨论、大规模独立调查、用户需求分析、标杆法等获得科技创新趋势。

以上方法有利于我们进行组织设置和复杂问题分解，然而由于有大量的专家和用户参与，意见较难综合与统一，不过更大问题是以上方法缺乏具体的创新目标，难以指明确切的创新方向②。针对传统预测方法数据不足的问题，Daim et al.(2006)将文献计量、专利分析方法综合应用于情景规划(scenario planning)、成长曲线(growth curves)和类比分析(analogies)等著名的技术预测工具当中，构建了基于系统动力学的技术扩散动力生态系统(dynamic ecosystem)③。

为了避免传统创新设计方法中头脑风暴或试错法(Try & Error)方式缺乏目标的弊端，TRIZ(Theory of Inventive Problem-Solving)被提了出来。TRIZ是前苏联发明家Altshuller提出的，它通过细致而复杂的脑力活动进行发明创造，是利用专利信息进行科技创新的一

---

① Urban G., Hauser J., *Design and Marketing of New Products*[M]. Prentice-Hall, Englewood Cliffs, NJ, 1993.

② Lee S., Yoon B., Park Y. An Approach to Discovering New Technology Opportunities: Keyword-based Patent Map Approach[J]. *Technovation*, 2009, 29: 481-497.

③ Daim T., Rueda G., Martin H., Gerdsri P. Forecasting Emerging Technologies: Use of Bibliometrics and Patent Analysis[J]. *Technological Forecasting & Social Change*, 2006, 73: 981-1012.

个有效途径①。在解决问题的流程上，TRIZ 理论抛开各式各样客观的限制因素，通过理想化来定义问题的终极理想解(ultimate ideality)，以明确理想解所存在的方向和位置，以求在设计解决问题的过程中沿着此目标前进并获得最终理想解，从而提升了创新设计的效率②。

TRIZ 方法依赖于实施者，且数据处理规模上受到限制。当前，很多学者尝试使 TRIZ 方法自动化③。基于 TRIZ 发明原则(inventive principles)和矛盾(contradiction)理论，Tong 等和 Cong 与 Tong 等研究了将专利归类于 45 条发明原则的自动化问题④⑤。Liang 和 Tan 探讨了从以上原则抽取有用专利信息的方法⑥。Cascini 和 Russo 使用计算机辅助技术识别给定技术系统的 TRIZ 矛盾⑦。Park 等提出了识别有利技术转移的有价值专利的新方法，该方法以 TRIZ 演化趋势作为标准衡量专利技术，采用基于 SAO(Subject Action Object)的数据挖掘技术处理大规模专利

---

① Salamatov Y. TRIZ: *The Right Solution at the Right Time—A Guide to Innovative Problem Solving*[M]. Insytec, Hattem, 1999.

② Wikipedia. org. TRIZ [EB/OL]. http://zh. wikipedia. org/wiki/TRIZ, 2010-8-7.

③ Yoon J., Kim K. An Automated Method for Identifying TRIZ Evolution Trends from Patents[J]. *Expert Systems with Applications*, 2011, 38: 15540-15548.

④ Tong L., Cong H., Lixiang S. Automatic Classification of Patent Documents for TRIZ Users[J]. *World Patent Information*, 2006, 28(1): 6-13.

⑤ Cong H., Tong L. Grouping of TRIZ Inventive Principles to Facilitate Automatic Patent Classification[J]. *Expert Systems with Applications*, 2008, 34(1): 788-795.

⑥ Liang Y., Tan R. A Text-mining-based Patent Analysis in Product Innovative Process[J]. *Trends in Computer Aided Innovation*, 2007, 250: 89-96.

⑦ Cascini G., Russo D. Computer-aided Analysis of Patents and Search for TRIZ Contradictions [J]. *International Journal of Product Development*, 2007, 4(1-2): 52-67.

数据①。

TRIZ 方法获得了全球的广泛认可，然而也存在一些不足之处，综合起来有以下几点：TRIZ 方法较为依赖专家的个人知识；掌握 TRIZ 方法需要专业的培训和严格的训练；TRIZ 方法立足于专利数据进行分析，由于发明者本身处理信息的能力有限，限制了数据处理的规模。

7.4 信息分析视角探测科技创新趋势

通过信息分析探测科技创新趋势，分别从两个方面展开：一是通过文献计量，二是通过文本挖掘。前者科技情报专家常用，后者数据挖掘专家较为擅长。

首先，通过专利文献计量发现科技创新趋势。文献计量指的是对文献和信息进行计量，通过对大量历史数据进行探索、组织和分析以识别其中的潜在模式(hidden patterns)②。专利信息计量的常用方法包括引证、聚类、因子分析、统计等③④⑤，其中应用最广泛的是引证和聚类分析。

专家学者也很早就关注到引证关系可以用于发现研究前沿(Research Front)和研究趋势(Research Trend)。Price 在其发表于 *Science* 的著名文章中通过研究科技文献引证关系的时序分布，提

① Park H., Ree J. J., Kim K. Identification of Promising Patents for Technology Transfers Using TRIZ Evolution Trends[J]. *Expert Systems with Application*, 2013, 40: 736-743.

② Norton M. J. *Introductory Concepts in Information Science*[M]. ASIA, New Jersey, 2001.

③ 邱均平，马瑞敏，徐蓓，倪超群．专利计量的概念、指标及实证[J]．情报学报，2008，27(4)：556-565.

④ 乐思诗，叶鹰．专利计量学的研究现状与发展态势[J]．图书与情报，2009(6)：63-66.

⑤ 栾春娟，王续琨，刘则渊，侯海燕．专利计量研究国际前沿的计量分析[J]．科学学研究，2008，26(2)：334-338.

出将那些被积极引用的文献的集合称为研究前沿①。而后，Small等通过对新近文献的共被引关系进行聚类来确定当前活跃的研究领域，提取引用这个聚类群的文献的标题的主题词集，形成 N-word cluster-profile 来表示主题前沿②；Morris 在分析研究前沿中引入时间线(time-line)概念，指出研究前沿是持续引证知识基础的一组文献群③；Aström 通过对共引文献时间切片(time-sliced cocitation)分析了研究前沿的时序变迁④。

其次，文本挖掘也是研究大规模非结构化数据的良好工具⑤⑥⑦。Allan 等引入一种识别新闻事件(new stories)的单次扫描算法(single pass algorithm)，如果现有文件中没有出现过与新收到信息类似的信息内容，那么这个新收到的内容就被定义为一条新闻⑧。Swan 等建立了一个基于二项式分布的统计模型，可以用于

---

① Price D. D. Networks of Scientific Papers[J]. *Science*, 1965, 149: 510-515.

② Small H., et al. The Structure of Scientific Literatures I: Identifying and Graphing Specialties[J]. *Science Studies*, 1974, 4: 17-40.

③ Morris S. A., Yen, G., Wu, Z., Asnake B. Timeline Visualization of Research Fronts[J]. *Journal of the American Society for Information Science and Technology*, 2003, 55(5): 413-422.

④ Aström F. Changes in the LIS Research Front: Time-Sliced Cocitation Analyses of LIS Journal Articles, 1990-2004[J]. *Journal of the American Society for Information Science and Technology*, 2007, 58(7): 947-957.

⑤ Kostoff R., Toothman D., Eberhart H., Humenik J. Text Mining Using Database Tomography and Bibliometrics: A Review[J]. *Technological Forecasting and Social Change*, 2001, 68: 223-252.

⑥ 朱东华，袁军鹏．基于数据挖掘的科技监测方法研究[J]．管理工程学报，2004，18(4)：135-139.

⑦ 陶然，李晓菲．基于领域本体对专利情报知识挖掘的浅析[J]．情报学报，2008，27(2)：212-217.

⑧ Allan J., Papka R., Lavrenko V. Online New Event Detection and Tracking[C]. Proceedings of ACM SIGIR, 1998: 37-45.

检测信息的显著性①。Kleinberg 设计出的跳跃检测算法(Burst Detection Algorithm)可以检测单词的突然出现，也适用于基于时间序列的引文分析，从而辨认出创新前沿的概念和主题②。

文本挖掘技术探测创新主题的一个难点在于主题的提取和识别。人类语言的交叉多义性和人们对主题词使用的随意性，不同的领域使用相同的主题词，一词多义、多词一义的情况比比皆是，这为主题的提取和识别带来了很大的挑战。为了提高语义消歧和主题聚敛效率和精确度，Pottenger 等引入神经网络算法识别凸显主题③，Kontostathis 等利用潜在语义索引(LSI)技术进行了概念聚类④，Van Eck 等使用概率潜在语义分析(PLSA)技术进行语义消歧⑤，Fabian 等提出一种通过预测新增补到 MeSH 本体的主题词来预测任意信息向真实知识转化的思路，然而上述这些方法的运算复杂度均很高，对于大规模数据处理明显存在困难⑥。

---

① Swan R., Allan, J. Extracting Significant Time Varying Features from Text [C]. Proceedings of 8th Conference on Information Knowledge Management (CIKM '99), Kansas City, MO, ACM Press, 1999: 38-45.

② Kleinberg J. Bursty and Hierarchical Structure in Streams [C]. Proceedings of the 8th ACM SIGKDD International Conference on Knowledge Discovery and Data Mining, Edmonton, Alberta, Canada: ACM Press, 2002: 91-101.

③ Pottenger W., et al. Detecting Emerging Concepts in Textual Data Mining [J]. *Computational Information Retrieval*, 2001: 89-105.

④ Kontostathis A., Pottenger W. M. A Framework for Understanding Latent Semantic Indexing (LSI) Performance[J]. *Information Processing & Management*, 2006, 42(1): 56-73.

⑤ Van Eck N. J., et al. Automatic Term Identification for Bibliometric Mapping[J]. *Scientometrics*, 2010, 82(3): 581-596.

⑥ Fabian M., Dmitriy F., Mathaeus D., Bernd W. Emerging Trend Prediction in Biomedical Literature [C]. Proceedings of American Medical Informatics Association Annual Symposium, 2008: 485-489.

7.5　专利可视化视角观测科技创新趋势

专利分析的可视化表达有利于更直观而有效地理解复杂和不同的专利信息(WIPO，2003)。专利可视化的一个最典型的应用是专利地图的绘制和分析。专利地图在 20 世纪 60 年代起源于日本专利局(Japan Patent Office，JPO)，他们在 1968 年出版了第一份专利地图。专利地图一方面能显示出科技在功能上的扩展，另一方面也能显示出在应用方面的扩展，并能通过时序变化关系找出它们之间的联系①②。而后，专利地图方法的应用逐渐转移到工业，尤其是一些大型的技术公司。1974 年，WIPO 在苏联举办了专利地图研讨会，从此专利地图开始在全世界范围内得到推广。

在过去的二十多年，JPO 收集和分析了每一个技术领域的专利信息来制作专利地图，其下属的日本发明创造研究所(Japan Institute of Invention and Innovation，JIII)在 2002 年针对多个科技领域以 50 多种形式制作了 200 多幅专利数据图。在 21 世纪初，专利地图在韩国和中国台湾地区也得到了很好的发展，他们在专利地图的研究和利用上主要是借鉴日本经验。韩国知识产权局(Korean Intellectual Property Office，KIPO)从 2000 年开始针对不同科技领域绘制了 120 余幅专利地图③。

基于专利地图的专利分析方法可以分为两个方面④⑤：管理层

---

① 邱洪华，余翔．基于 k-means 聚类算法的专利地图制作方法研究[J]．科研管理，2009，30(2)：70-76.

② Japan Patent Office. Introduction to Patent Map Analysis[R]. 2011.

③ Bay Y. Development and Applications of Patent Map in Korean High-tech Industry[C]. Proceedings of the FirstAsia-Pacific Conference on Patent Maps, Taipei, 2003, October 29: 3-23.

④ 刘平，张静，戚昌文．专利技术图制作及应用例析——以激光信息存储技术为例[J]．管理学报，2005，5(9)：555-558.

⑤ 董菲，朱东华，任智军，谢菲．基于专利地图的专利分析方法及其实证研究[J]．情报学报，2007，26(3)：422-429.

面包含专利申请总量趋势分析、竞争公司分析、国家分析、发明人分析、引证率分析、专利分类号分析等；技术层面包含主题词分析、专利的生命周期分析、专利的技术矩阵分析和引用分析等。而在可视化表述上，则是采用关联图、柱状图、折线图、雷达图等进行表示，如专利管理图主要包括申请专利的总体数量分析图、高产公司的专利申请分析图、IPC 分析图、各国专利申请比例图等；专利技术图主要包括专利技术分布图、生命周期图、技术/功效矩阵图、引用关联图等。

随着数据分析和知识挖掘技术的发展，专利地图分析技术也取得了很大的发展。Tseng 等研究了专利地图的构造过程，包含文本切割、内容抽取、特征选择、主题合并、聚类、主题识别和图谱绘制七个步骤①②。Yoon 等通过关键词描述专利特征，提取并压缩关键词向量(keyword vector)，提出将专利文档简约到一个二维图上③。Lee 等研究了在二维图中查找技术空白(technology vacancy)，然后基于内容分析判断是否为技术趋势④。邱洪华和余翔(2009)通过 k-means 聚类算法形成专利语义网络，制作完成可视化专利地图⑤。对于专利地图的理论和方法，董菲，Tseng 等，Kim 等，Aris 等，康宇航和苏敬勤在可视化方面对通过文献和专利发掘创新趋势

---

① Tseng Y., Lin C., Lin Y. Text Mining Techniques for Patent Analysis [J]. *Information Processing and Management*, 2007a, 43(5): 1216-1247.

② Tseng Y., Wang Y., Lin Y., Lin C., Juang D. Patent Surrogate Extraction and Evaluation in the Context of Patent Mapping [J]. *Journal of Information Science*, 2007b, 33(6): 718-736.

③ Yoon B., Yoon C., Park Y. On the Development and Application of a Self-organizing Feature Map-based Patent Map[J]. R&D *Management*, 2002, 32(4): 291-300.

④ Lee S., Yoon B., Park Y. An Approach to Discovering New Technology Opportunities: Keyword-based Patent Map Approach [J]. *Technovation*, 2009, 29: 481-497.

⑤ 邱洪华，余翔．基于 k-means 聚类算法的专利地图制作方法研究[J]．科研管理，2009，30(2)：70-76.

进行了较为详细的总结和分析①②③④⑤。

专利地图方法的不足之处在于图谱的表述较为单一，在当前全球创新的环境下，简单图谱难以分析技术之间的关联关系。最近十年，数据可视化技术得到了很大的发展，然而这些在专利可视化方面采纳得还不够。另外，专利地图的数据处理规模也是受限的，简单的图谱使得不能描述更多的内容，更不能描述动态变化的内容。

7.6　网络演化视角分析科技创新趋势

科技创新是动态的，静态方法难以满足对科技创新趋势的探讨。专利网络将人类的发明创造构建为一个时间和结构上无限延展的关联系统，是考察发明者群体以及大规模专利数据之间关系的良好载体，是研究群体行为和趋势涌现的有效工具(Lewis，2009)⑥。科技创新具有群体性和集聚效应，基于网络演化视角分析创新趋势涌现可以从专利网络社区和专利群体展开。

对于专利网络和专利网络社区的演化，王晓光综合复杂网络动

① 董菲，朱东华，任智军，谢菲．基于专利地图的专利分析方法及其实证研究[J]．情报学报，2007，26(3)：422-429.

② Tseng Y.，Wang Y.，Lin Y.，Lin C.，Juang D. Patent Surrogate Extraction and Evaluation in the Context of Patent Mapping[J]. *Journal of Information Science*，2007b，33(6)：718-736.

③ Kim Y. G.，Suh J. H.，Park S. C. Visualization of Patent Analysis for Emerging Technology[J]. *Expert Systems with Applications*，2008，34(3)：1804-1812.

④ Aris A.，Shneiderman B.，Qazvinian V.，Radev，D. Visual Overviews for Discovering Key Papers and Influences Across Research Fronts[J]. *Journal of the American Society for Information Science and Technology*，2009，60(11)：2219-2228.

⑤ 康宇航，苏敬勤．基于专利引文的技术跟踪可视化研究[J]，情报学报，2009，28(2)：283-289.

⑥ Lewis T. G. *Network Science：Theory and Applications*[M]. John Wiley & Sons，Inc.，2009.

力学和语义网理论，探讨了共词语义网络中的新兴主题涌现①。Dangelico 等通过专利信息构建了分析科技社区演化的系统动力学模型，研究发现随着认知和组织亲近性(Proximity)的增加，社区成员通过知识共享和创造获得集体效益的程度会更彻底，进而也促进了社区的增长和发展②。

针对不同网络进行网络社区划分，所得结果存在较大差异。Shibata 等通过对 Gallium nitride、Carbon nanotube 领域文献数据的统计分析，指出通过直接引证网络分析，可以快速发现大规模、新兴潜隐类群，具有最好的探测效果，关键文献(core paper)被排除在新兴研究领域(emerging research domain)之外的风险是最小的③。Boyack 和 Klavans 提出了不同的看法，他们认为直接引证网络过于稀疏，需要大规模、长时间段数据作支撑，他们采用更大规模的数据进行统计分析，发现在准确度方面耦合网络略优于共引网络，直接引证网络的准确度最差④。

此外，Liu，Jiang 和 Ma 指出趋势是群体行动的结果，单个个体的行动难以形成趋势。他们认为大量关联个体处于系统之中，相互影响、相互作用，当大家同时开始关注、研发、引证同类型的主题和领域时，便形成科技热点和创新趋势，从而实现从个体的杂乱

---

① 王晓光. 科学知识网络的结构与演化(II)：共词网络可视化与增长动力学[J]. 情报学报，2010，29(2)：314-322.

② Dangelico R. M.，Garavelli A. C.，Petruzzelli A. M. Aystem Dynamics Model to Analyze Technology Districts' Evolution in a Knowledge-Based Perspective [J]. *Technovation*，2010，30：142-153.

③ Shibata N.，et al. Comparative Study on Methods of Detecting Research Fronts Using Different Types of Citation [J]. *Journal of the American Society for Information Science and Technology*，2009，60(3)：571-580.

④ Boyack K. W.，Klavans R. Co-Citation Analysis，Bibliographic Coupling，and Direct Citation：Which Citation Approach Represents the Research Front Most Accurately? [J]. *Journal of the American Society for Information Science and Technology*. 2010，61(12)：2389-2404.

行为到群体的一致涌现①。Liu，Jiang 和 Ma 分析了知识类群在相互影响、相互作用条件下的演化过程，建立了知识网络中新兴趋势涌现的群体动力学模型。Liu 和 Ma 研究了知识空间中知识创新者的迁移分布和迁移轨迹，指出知识创造者创造性活动在空间上满足重尾分布，时间上高产者满足重尾分布、低产者满足指数分布②。

7.7　科技创新趋势分析系统和工具

专利作为探索技术进步和创新活动的良好素材被广泛地应用于工业研究与设计计划（王燕玲，2009）。构建专利分析系统对专利信息进行自动分析和可视化显示是当前科技和企业机构的重点研究领域之一，美国专利和商标局（USPTO）、欧洲专利局（EPO）、日本专利局、INPI 和 Xerox 等均尝试构建自动归类和处理专利文档的信息系统③。

国外关于专利分析的信息系统。Neopatents（http://www.neopatents.com）开发了专利搜索和分析方面的两个软件系统：Spore® Search 依据关键词的统计排列优化了专利搜索过程，而 PatentMatrix® 则可以提供专利分析结果的图形化现实。MetricsGroup（http://www.metricsgroup.com）开发了可用于专利分析的套件：CIA™ Database 是一个基于 US 专利数据库、识别趋势和模式的网络系统；VantagePoint™是文本挖掘软件；VxInsight™是专利可视化套件。Fujitsu（http://glovia.fujitsu.com）开发的 ATMS/Analyzer 系统、Fattori 等设计的 PackMOLE™系统也是专门用于专利

---

① Liu X., Jiang T. T., Ma F. C. Collective Dynamics in Knowledge Networks: Emerging Trends Analysis [J]. *Journal of Informetrics*, 2013a, 7(2): 425-438.

② Liu X., Ma F. C. Transfer and Distribution of Creative Activity for Bio-scientist in Knowledge Spaces [J]. *Scientometrics*, 2013b, 95: 299-310.

③ Lee S., Yoon B., Park Y. An Approach to Discovering New Technology Opportunities: Keyword-based Patent Map Approach [J]. *Technovation*, 2009, 29: 481-497.

分析①。此外,大量文本和文献计量工具也可以用于专利分析,例如,Dolcera(http://www.dolcera.com)的 IPMap 系统、Thomson(http://scientific.thomson.com/products/aureka)的 Aureka 系统、M-Cam(http://www.m-cam.com)的 M-Cam Door 系统、Fischer 和 Lalyre 设计的 STN® AnaVist™ 系统等②。

国内关于专利分析的信息系统,主要有北京东方灵盾科技(http://www.eastlinden.com.cn)与 M-CAM 合作的 East Linden Doors、恒和顿(http://www.all-patent.com)的 HIT_恒库、中国台湾连颖科技(http://www.learningtech.com.tw)的 Patentguider、保定大为(http://www.daweisoft.com)、知识产权出版社(http://www.cnipr.com)、北京彼速(http://www.bizsolution.com.cn)等。张静等对国内外专利分析工具及其功能进行了比较研究,指出国外专利分析工具在设计使用细节、统计功能、支持的引证层级等方面均比国内专利分析工具优越,而数据处理功能和规模、聚类功能、分析功能等则是国内外分析工具均存在不足③。

7.8 简单评述

上述几种研究思路发展出了一些富有创建、易于操作的分析办法④⑤

① Fattori M., Pedrazzi G., Turra R. Text Mining Applied to Patent Mapping: Apractical Business Case[J]. *World Patent Information*, 2003, 25: 335-342.

② Fischer G., Lalyre N. Analysis and Visualisation with Host-based Software—The Features of STN AnaVist[J]. *World Patent Information*, 2006, 28(4): 312-318.

③ 张静,刘细文,柯贤能,黎江. 国内外专利分析工具功能比较研究[J]. 情报理论与实践,2008,31(1):141-145.

④ Lee S., Yoon B., Park Y. An Approach to Discovering New Technology Opportunities: Keyword-based Patent Map Approach[J]. *Technovation*, 2009, 29: 481-497.

⑤ 刘玉仙,Rousseau R. 新出现趋势识别和分析方法引介[J]. 科学学研究,2009,27(7):994-998.

和可视化技术①②。不过它们也存在一些挑战，概括起来有以下几点：

第一，专家判断视角的科技创新趋势方法常常缺乏具体的发明目标和明确方向，较大地依赖于专家的个人知识，需要专业的培训和严格的训练，且数据与信息处理的规模有限，在大数据时代，这类方法需要引入智能化处理的组件③④。

第二，信息分析视角中最常用到的是引文分析和文本挖掘，然而引文分析存在时滞效应，文本挖掘在主题提取和主题识别方面存在较大困难，所以单纯通过引文分析或文本挖掘来发现新兴趋势也存在较大障碍⑤。

第三，信息可视化方法视角下的专利地图研究在专利分析直观化方面起到了很大的作用，使得一般的管理决策者可以很方便地考察科技发展的趋势。然而，现代科技的发展日新月异，科技信息指数增长，简单的专利地图不能适应高数量级的数据分析，难以满足管理和科研决策的需求。

第四，演化网络视角综合应用复杂网络、演化网络、动力系统和统计物理等方法研究科技创新趋势的涌现，对于处理大规模数据具有独到的优势。通过不同尺度专利网络的构建，可以建立从微观专利节点到中观网络社区，再到宏观创新领域的一致考察。不足之

---

① Cascini G., Russo D. Computer-aided Analysis of Patents and Search for TRIZ Contradictions[J]. *International Journal of Product Development*, 2007, 4(1-2): 52-67.

② 陈超美. CiteSpace II：科学文献中新趋势与新动态的识别与可视化[J]. 情报学报, 2009, 28(3): 401-421.

③ Lee S., Yoon B., Park Y. An Approach to Discovering New Technology Opportunities: Keyword-based Patent Map Approach [J]. *Technovation*, 2009, 29: 481-497.

④ Yoon J., Kim K. An Automated Method for Identifying TRIZ Evolution Trends from Patents [J]. *Expert Systems with Applications*, 2011, 38: 15540-15548.

⑤ Van Eck N. J., et al. Automatic Term Identification for Bibliometric Mapping [J]. *Scientometrics*, 2010, 82 (3): 581-596.

处是此方面的研究目前还处于起步阶段，只针对一些宏观网络拓扑结构指标做一些统计，细致的微观分析较少。

第五，国外专利可视化和分析系统在设计使用细节、统计功能、支持的引证层级等方面均比国内分析工具优越，然而国内外分析工具在数据处理规模、聚类和分析功能等方面均存在不足①；提高分析工具的数据处理和分析能力成为当前学术界和产业界的一个迫切要求。

7.9 本章小结

本研究概述基于专利信息分析科技创新趋势的理论、方法和系统，比较分析了基于专家判断、信息分析、信息可视化和网络演化四种视角下科技创新趋势的涌现和探测，指出了不同视角下研究方法的优势和不足。并且，专利研究和科技创新趋势探测研究的方法较多，不同的方法具有各自的优势和不足，需要科技工作者和政策制定者认真选择和推敲。对于此方面后续的研究展望，以为有以下几点值得注意：

第一，对于科技创新群体的行为研究。创新者是科技创新的主体，他们是如何获取知识的，他们是如何进行产品、技术创新的？这些是科技创新趋势研究的一个重点。

第二，大数据分析方法在科技创新趋势探测中的应用。专利信息只是记录科技信息的一部分，还有大量的创新想法广泛分布于期刊、文献、报告和网络之上，包括科学博客等。对巨量、异构、快变信息进行分析，是实时掌握更全面科技情报的有效手段，这需要依赖于大数据分析方法。

第三，利用动态演化网络构造了科技信息的情报结构，将大规模零散数据构造为有序结构。科技发展路径和科技创新路径从此结构之中浮现，对于专利演化网络的研究也是后续的一个研究热点，

① 张静，刘细文，柯贤能，黎江．国内外专利分析工具功能比较研究[J]．情报理论与实践，2008，31（1）：141-145.

特别可以关注专利网络的动态演化方面。

第四，专利信息可视化方法和技术需要进一步的拓展。结合当前的数据可视化方法和技术，开发更加高效的算法和信息系统，进行专利数据的更高数量级的处理和分析。

第8章　结　　语

8.1　内容总结

知识网络的不同结构形态是如何形成的？它的增长老化是怎样实现的？知识网络中热点和趋势是如何形成的？以及知识空间中的行为主体——知识创造者的知识创造活动是随机的吗？基于这些疑问，全书重点探讨了以下8个具体问题：

1）分析了知识演化的马太效应中潜隐的时间因素的作用。通过在增长网络中引入时间优先机制促使对新近知识的吸收，度择优机制保证对经典科学理论的继承，而它们二者的共同作用反映了科学知识的继承与更新过程。研究发现度择优所体现的马太效应的作用是全局性的，而时间效应所体现的后发优势的影响则是局部的。时间效应一定程度上平抑了度择优所导致的马太效应的负面影响。

2）由于人认知能力的有限，知识的继承和发展是基于局部知识环境的。构建了知识网络的局域演化模型，通过引入跨领域交叉连接机制反映科学知识的集聚和交叉、继承和发展的关系，且跨领域交叉既形成一定集聚拓扑结构又满足学科知识交叉引用的要求。

3）由于知识网络同时具有的小世界和无标度特征，这种结构是如何形成的？构造了兼具这两种特征结构的过程模型，且将局域演化由静态演化发展到了动态演化模式。模型首先在知识增长网络中择优选择并连接定位节点，以确定知识的主要理论来源，然后在定位节点的邻居节点中随机选择节点并进行连接，反映知识的内聚性和知识创造者的领域限制，过程模型最终形成兼具前述两种结构特征的知识网络。

4）将知识网络中节点的增长模式由平稳增长扩展到了非平稳增长。分别探讨了知识网络中知识节点线性、指数、logistic、阶跃函数增长下的拓扑特征和历时老化，采用了泛增长函数的方式进行了一般的分析。研究发现：当知识增长率为线性等收敛函数时，知识网络的度分布与增长模式无关，且知识节点的历时被引是一直衰减的；而当增长率函数为发散性的指数函数时，知识节点的度分布指数较前者要小，节点的历时被引数则是单调上升的。指数增长模式具有越平坦的度分布，知识的利用率越高；相反，收敛性的线性增长等在知识利用上分化则相对更大，知识利用率相对低一些。

5）知识领域发展的大趋势是否影响其中知识节点的老化进程？探讨了知识老化与增长的关系及老化与知识产生的时间的关系问题，提出了知识老化曲线形成的一种客观性的新解释。揭示了知识产生的时点与知识增长老化之间的关系：在所属学科的扩展期产生的知识节点历时被连接数先上升后下降，而在衰退期产生的节点的历时被连接数一直是衰减的；知识的利用效率随其所属知识领域的扩张而增加，随衰退而减少。

6）将知识网络中边的增长模式由平稳增长扩展到了非平稳增长。考虑到知识节点出度的动态变化的情况，指出出度线性增长可形成更平坦的度分布，而出度对数增长对度分布影响不大，从而连接边对数增长更加符合现实情况。

7）知识发展过程中，热点和趋势是如何形成的？如何探测它们？构建了知识网络中的群体动力学模型，考察类群在相互影响、相互作用的环境中主题词向量的历时变化，从而得到类群的发展方向；与传统分析方法的比较研究证实了这一方法的有效性：群体动力学方法对趋势的预测比传统方法具有优越性，对于少数据、不确定性较大的小知识领域的预测效果明显优于传统方法。

8）知识创造者的知识创造过程是一种随机行为？还是有明确的趋向性？通过统计分析了高知识生产者、低知识生产者和创造者全体在连续知识创造活动中的时间间隔和空间迁移，发现：高产者的创造活动的时间间隔满足重尾分布，具有阵发特征，长时静默和密集阵发同时存在；低产者的时间间隔分布近似指数函数，随机性和偶然性稍强一些；知识创造者连续创造活动的空间迁移也满足重尾特征，密集的局限于某一领域进行知识创造，然而常常也会进行一些长距的知识领域探索。

8.2 存在的局限与研究展望

本书在方法、模型、实证等方面存在诸多局限，这些局限之处同时也可作为本研究后续进一步工作的基础：

1）提出了时间效应在知识演化网络中的作用，但是对其作用强度没有作进一步的实证分析。时间是影响人们引证行为的一个关键因素，但是，其影响程度如何？文中认为对于新陈代谢较快的知识领域，影响程度会更大、而对于更新较慢的知识领域则较小，但是，在本书中并没有作进一步的验证，这是后续可以研究的一个问题。

2）对知识网络演化模型的研究。小世界网络和无标度网络的演化模型虽然可以部分反映知识网络的演化特征，但是与知识网络的实际演化过程还是存在很大的差距，进一步的结构生成模型和构造算法的研究也是很有必要的。

3）在热点与趋势预测的群体动力学模型中，直接取的是线性关系，对于非线性关系的情况考虑不够；群体动力学模型中耦合矩阵满足拉普拉斯条件，由 Motter，Zhou 和 Kurths 的研究①可知，在这种条件下，动力方程会达到同步状态，所以对内、外耦合函数和耦合矩阵的设置需要作进一步的研究；同时，群体动力学的方法隐含结构主义的因素，默认系统是自解释、自组织的。对于此问题，可以通过在动力方程中引入扰动项，作为系统的外部输入，以此避免系统的封闭性。但是，扰动项的处理无疑是一个非常复杂的问题。

4）在知识空间中知识创造者的迁移分布部分，对距离的考察

① Motter A. E. , Zhou C. S. , Kurths J. Network Synchronization, Diffusion, and the Paradox of Heterogeneity [J]. *Phys Rev. E*, 2005, 71: 016116.

投射到一维空间、且独立于背景知识来进行分析，更有效的方式是将这些量置于背景知识之中来进行考察，距离统计也可进一步改为两两之间的距离；对作者的文章统计，也包含非第一作者论文，这实际构造的是一个作者群在知识创造过程中的时空转移分布，然而本书中没有进行区别。

对于知识网络，后续可以进一步拓展的主题包括以下两个方面：

第一，对知识网络结构的研究，特别在微观结构方面，当前的研究比较少。目前对知识网络结构的研究仅集中在几种特征之上，比如小世界、无标度等，更进一步的结构分析较少。复杂网络研究领域目前提出了很多针对大规模网络结构分析的方法和工具，比如模体、社团等，这些都可以作为进一步研究的基础。

第二，知识网络是一个动态发展的非均匀网络，动态网络和加权网络的方法可以更准确的描述知识网络的演化过程，然而本书中很少涉及，当前基于这两个方面的研究也很少，这可以作为知识网络研究后续的一个发展方向。

参考文献

[1] 卞秋香，姚洪兴. 复杂网络的线性广义同步[J]. 系统工程理论与实践，2011，31(7)：1334-1340.

[2] 车宏安，顾基发. 无标度网络及其系统科学意义[J]. 系统工程理论与实践，2004，24(4)：11-16.

[3] 陈超美. CiteSpace II：科学文献中新趋势与新动态的识别与可视化[J]. 情报学报，2009，28(3)：401-421.

[4] 董菲，朱东华，任智军，谢菲. 基于专利地图的专利分析方法及其实证研究[J]. 情报学报，2007，26(3)：422-429.

[5] 范如国，李星，黄本笑，等. 基于小世界和连接成本的制度网络演化分析[J]. 系统工程学报，2010，25(6)：835-840.

[6] 巩军，刘鲁. 基于个人知识地图的专家推荐[J]. 管理学报，2011，8(9)：1365-1371.

[7] 郭凌，年晓红，潘欢，等. 一般耦合结构时变时滞复杂网络的同步准则[J]. 控制理论与应用，2011，28(1)：73-78.

[8] 侯海燕，陈超美，刘则渊，等. 知识计量学的交叉学科属性研究[J]. 科学学研究，2010，28(3)：328-332，350.

[9] 姜志宏，王晖，高超，等. 一种基于随机行走和策略连接的网络演化模型[J]. 物理学报，2011，60(5)：818-826.

[10] 康宇航，苏敬勤. 基于专利引文的技术跟踪可视化研究[J]. 情报学报，2009，28(2)：283-289.

[11] 赖院根，朱东华，胡望斌. 基于专利情报分析的高技术企业专利战略构建[J]. 科研管理，2007，28(5)：156-162.

[12] 李丹，俞竹超，樊治平，等. 知识网络的构建过程分析[J]. 科学学研究，2002，20(6)：620-623.

[13] 林敏，李南，季旭，等. 研发团队知识交流网络的小世界特性分析与证明 [J]. 情报学报，2010，29（4）：732-736.

[14] 刘常昱，胡晓峰，司光亚，等. 基于小世界网络的舆论传播模型研究[J]. 系统仿真学报，2006，18(12)：3608-3610.

[15] 刘盛博. 中国科技管理领域科技合作复杂网络分析[J]. 情报学报，2010，29(1)：177-183.

[16] 刘向，马费成. 科学知识网络的演化与动力 [J]. 管理科学学报，2012，15(1)：87-94.

[17] 刘玉仙. Rousseau R. 新出现趋势识别和分析方法引介[J]. 科学学研究，2009，27(7)：994-998.

[18] 刘则渊，尹丽春. 国际科学学主题共词网络的可视化研究[J]. 情报学报，2006，25(5)：634-640.

[19] 刘知远，郑亚斌，孙茂松. 汉语依存句法网络的复杂网络性质 [J]. 复杂系统与复杂性科学，2008，5(2)：1-9.

[20] 吕金虎. 复杂动力网络的数学模型与同步准则[J]. 系统工程理论与实践，2004，24(4)：17-22，62.

[21] 马费成，郝金星. 概念地图在知识表示和知识评价中的应用(I)——概念地图的基本内涵[J]. 中国图书馆学报，2006，32(3)：5-9.

[22] 马费成. 论情报学的基本原理及理论体系构建[J]. 情报学报，2007，26(1)：3-13.

[23] 马骏，唐方成，郭菊娥，等. 复杂网络理论在组织网络研究中的应用[J]. 科学学研究，2005，23(2)：173-178.

[24] 苗蕊，刘鲁，李明，等. 基于层级成长单元结构算法的虚拟实践社区知识地图的构建[J]. 系统工程理论与实践，2011，31(3)：530-536.

[25] 庞景安. 科学计量研究方法论[M]. 北京：科学技术文献出版社，1999.

[26] 濮存来，裴文江，廖瑞华，等. 无标度网络上队列资源分配研究[J]. 物理学报，2010，59(9)：6009-6013.

[27] 邱洪华，余翔. 基于 k-means 聚类算法的专利地图制作方法

研究[J]. 科研管理，2009，30(2)：70-76.

[28] 邱均平，马瑞敏，徐蓓，倪超群. 专利计量的概念、指标及实证[J]. 情报学报，2008，27(4)：556-565.

[29] 裘江南，秦璇，仲秋雁，等. 异质知识网络相关度算法研究[J]. 情报学报，2011，30(5)：495-502.

[30] 石美红，王婷，陈永当，等. 基于业务过程和知识需求的知识推送系统[J]. 计算机集成制造系统，2011，17(4)：882-887.

[31] 史定华. 无标度网络：基础理论和应用研究[J]. 电子科技大学学报，2010，39(5)：641-650.

[32] 斯宾格勒. 西方的没落[M]. 上海：三联书店，2006.

[33] 谭跃进，吴俊. 网络结构熵及其在非标度网络中的应用[J]. 系统工程理论与实践，2004，24(6)：1-3.

[34] 陶然，李晓菲. 基于领域本体对专利情报知识挖掘的浅析[J]. 情报学报，2008. 27(2)：212-217.

[35] 汪秉宏，韩筱璞. 人类行为的动力学与统计力学研究[J]. 物理，2010，39(1) ：28- 37.

[36] 汪小帆，李翔，陈关荣. 复杂网络理论及其应用 [M]. 北京：清华大学出版社，2006.

[37] 王冰. 复杂网络的演化机制及若干动力学行为研究[D]. 大连理工大学，2006.

[38] 王林，戴冠中，胡海波，等. 无标度网络的一个新的拓扑参数[J]. 系统工程理论与实践，2006，26(6)：49-53.

[39] 王晓光. 科学知识网络的形成与演化(I)：共词网络方法的提出[J]. 情报学报，2009，28(4)：599-605.

[40] 王延，郑志刚. 无标度网络上的传播动力学[J]. 物理学报，2009，58(7)：4421-4425.

[41] 王燕玲. (2009). 基于专利分析的行业技术创新研究：分析框架[J]. 科学学研究，27(4)：622-628.

[42] 韦洛霞，李勇，李伟，等. 汉字网络的3度分隔与小世界效应 [J]. 科学通报，2004，49(24)：2615-2616.

[43] 邬盈盈，韦巍，李国阳，等．基于社团划分的复杂网络牵制控制策略[J]．浙江大学学报(工学版)，2011，45(3)：495-502.
[44] 吴金闪，狄增如．从统计物理学看复杂网络研究[J]．物理学进展，2004，24(1)：18-46.
[45] 吴渝，肖开洲，刘洪涛，等．BBS 虚拟社区的演化规律探索及仿真[J]．系统工程理论与实践，2010，30(10)：1883-1890.
[46] 席运江，党延忠，廖开际．组织知识系统的知识超网络模型及应用[J]．管理科学学报，2009，12(3)：12-21.
[47] 夏昊翔，王国秀，宣照国，等．针对科研合作网络演化建模的基于 Agent 实验平台原型[J]．情报学报，2010，29(4)：634-640.
[48] 谢福鼎，张大为，黄丹，等．寻找复杂网络社团的稠密集算法[J]．电子科技大学学报，2011，40(4)：483-490.
[49] 徐升华，杨波．基于小世界网络模型的知识转移网络特性分析[J]．情报学报，2010，29(5)：915-919.
[50] 许晓鸣，郭雷．复杂网络[M]．上海：上海科技教育出版社，2006.
[51] 晏尔伽，朱庆华．我国图书馆、情报与文献学领域作者合作现状——基于小世界理论的分析[J]．情报学报，2009，28(2)：274-282.
[52] 杨博，刘大有，LIU Jiming，等．复杂网络聚类方法[J]．软件学报，2009，20(1)：54-66.
[53] 杨洪勇，王福生．科研合作网络中的模体涌现模型[J]．情报学报，2009，28(4)：606-609.
[54] 杨建梅．复杂网络与社会网络研究范式的比较[J]．系统工程理论与实践，2010，30(11)：2046-2055.
[55] 杨玉兵，潘安成．强联系网络、重叠知识与知识转移关系研究[J]．科学学研究，2009，27(1)：25-29.
[56] 尹丽春，刘则渊，殷福亮，杨中楷．中国专利研究现状的计

量分析[J]. 科学学研究，2008，26(1)：39-45.

[57] 于洋，党延忠，吴江宁，邓秋红. 基于超网络的知识传播趋势分析[J]. 情报学报，2010，29(2)：356-361.

[58] 张静，刘细文，柯贤能，黎江. 国内外专利分析工具功能比较研究[J]. 情报理论与实践，2008，31(1)：141-145.

[59] 张铁男，曹洪亮，唐书林等. 基于知识地图和蚁群算法的知识识别模型研究[J]. 科学学研究，2010，28(8)：1206-1211，1191.

[60] 赵明，汪秉宏，蒋品群，周涛. 复杂网络上动力系统同步的研究进展[J]. 物理学进展，2005，25(3)：273-295.

[61] 赵蓉英，邱均平. 知识网络研究(I)——知识网络概念演进之探究[J]. 情报学报，2007，26(2)：198-209.

[62] 赵志耘，郑佳. 从专利分析走向看技术创新与经济周期的关系[J]. 中国软科学，2010，9：185-192.

[63] 周涛，柏文洁，汪秉宏，等. 复杂网络研究概述[J]. 物理，2005，34(1)：31-36.

[64] 朱东华，袁军鹏. 基于数据挖掘的科技监测方法研究[J]. 管理工程学报. 2004，18(4)：135-139.

[65] Abraham B., Morita S. Innovation Assessment Through Patent Analysis [J]. *Technovation*, 2001, 21: 245-252.

[66] Albert R. Barabási A. L. Topology of Evolving Networks: Local Events and Universality [J]. *Phys. Rev. Lett.* 2000, 85: 5234-5237.

[67] Aris A., Shneiderman B., Qazvinian V., Radev D. Visual Overviews for Discovering Key Papers and Influences Across Research Fronts[J]. *Journal of the American Society for Information Science and Technology*, 2009, 60(11): 2219-2228.

[68] Aström F. Changes in the LIS Research Front: Time-Sliced Cocitation Analyses of LIS Journal Articles, 1990-2004[J]. *Journal of the American Society for Information Science and Technology*. 2007, 58(7): 947-957.

[69] Avramescu A. Actuality and Obsolescence of Scientific Literature

[J]. *Journal of the American Society for Information Science*, 1979, 30:296-303.

[70] Barabási A. L., Albert R. Emergence of Scaling in Random Networks [J]. *Science*, 1999, 286:509-512.

[71] Barabási A. L. The Origin of Bursts and Heavy Tails in Human Dynamics [J]. *Nature*, 2005, 435:207- 211.

[72] Barrat A., Weigt M. On the Properties of Small World Networks [J]. *Eur. Phys. J. B*, 2000, 13:547-560.

[73] Belykh I. V., Lange E., Hasler M. Synchronization of Bursting Neurons: What Matters in the Network Topology [J]. *Phys. Rev. Lett.*, 2005, 94:188101.

[74] Bianconi G., Barabási A. L. Bose-Einstein Condensation in Complex Networks[J]. *Phys. Rev. Lett.* 2001, 86:5632-5635.

[75] Biglu M. H. The Influence of References per Paper in the SCI to Impact Factors and the Matthew Effect [J]. *Scientometrics*, 2008, 74(3):453-470.

[76] Blanchard P., Hongler M. O. Modeling Human Activity in the Spirit of Barabási's Queueing system [J]. *Physical Review Letters*, 2007, 75(2):026102.

[77] Bollobas B. *Random Graphs* [M]. New York: Academic Press, 2nd ed., 2001.

[78] Borner K, Mane K K. Mapping Topics and Topic Bursts in PNAS [C]. Proceedings of the National Academy of Sciences of the United States of America, 2004, 101(1):5287-5290.

[79] Boyack K. W., Klavans R. Co-Citation Analysis, Bibliographic Coupling, and Direct Citation: Which Citation Approach Represents the Research Front Most Accurately? [J]. *Journal of the American Society for Information Science and Technology*, 2010, 61(12):2389-2404.

[80] Braam R. R., Moed H. F., Raan A. F. J. Mapping of Science by Combined Co-citation and Word Analysis Ⅱ: Dynamical Aspects

[J]. *Journal of the American Society for Information Science*, 1991, 42(4):252-266.

[81] Brockmann D., Hufnagel L., Geisel T. The Scaling Laws of Human Travel [J]. *Nature*, 2006, 439:462- 465.

[82] Brookes B C. The Foundations of Information Science (Part IV) [J]. *Journal of Information Science*, 1981(3):3-12.

[83] Campbell R. S. Patent Trends as a Technological Forecasting Tool [J]. *World Patent Information*, 1983, 5(3):137-143.

[84] Cancho R F I, Sole R V. The Small World of Human Language [C]. Proceedings of the Royal Society of London Series B-Biological Sciences, 2001, 268(1482):2261-2265.

[85] Cascini, G., Russo, D. Computer-aided Analysis of Patents and Search for TRIZ Contradictions [J]. *International Journal of Product Development*, 2007, 4(1-2):52-67.

[86] Chua L. O. CNN: *A Paradigm for Complexity* [M]. Singapore: World Scientific, 1992.

[87] Clauset A., Newman M. E. J., Moore C. Finding Community Structure in Very Large Networks [J]. *Phys. Rev. E*, 2004, 70:066111.

[88] Cohen R., Havlin S.. Scale-freeNetworks are Ultrasmall [J]. *Phys. Rev. Lett.*, 2003, 86:3682-3685.

[89] Cong H., Tong L. Grouping of TRIZ Inventive Principles to Facilitate Automatic Patent Classification [J]. *Expert Systems with Applications*. 2008, 34(1):788-795.

[90] Daim T., Rueda G., Martin H., Gerdsri P. Forecasting Emerging Technologies: Use of Bibliometrics and Patent Analysis [J]. *Technological Forecasting & Social Change*, 2006, 73:981-1012.

[91] Dangelico R. M., Garavelli A. C., Petruzzelli A. M. A Ystem Dynamics Model to Analyze Technology Districts' Evolution in a Knowledge-based Perspective [J]. *Technovation*, 2010, 30:142-153.

[92] Dorogovtsev S. N. , Mendes J. F. , Samukhin A. N. Structure of Growing Networks with Preferential Linking [J]. *Phys. Rev. Lett.* 2000,85:4633-4636.

[93] Egghe L. Rousseau R. *Introduction to Informetrics* [M]. Elsevier, Amsterdam. 1990.

[94] Embrechts P. , Kluppelberg C. , Mikosch T. *Modelling Extremal Events for Insurance and Finance* [M]. Berlin: Springer-Verlag,1997.

[95] Erdos P. , Renyi A. On the Evolution of Random Graphs [J]. *Publ. Math. Inst. Hung. Acad. Sci.* ,1960,5:17-60.

[96] Fattori M. , Pedrazzi G. , Turra R. Text Mining Applied to Patent Mapping: Apractical Business Case [J]. *World Patent Information*, 2003,25:335-342.

[97] Ferrer-i-Cancho R,Sole R V. The Small World of Human Language [C]. Proceedings of the Royal Society of London. Series B, Biological Sciences,268(1482):2261-2265.

[98] Fischer G. , Lalyre N. Analysis and Visualisation with Host-based Software—The Features of STN AnaVist [J]. *World Patent Information*,2006,28(4):312-318.

[99] Freeman L. C. Centrality in Social Networks: Conceptual Clarification [J]. *Social Networks*,1979,1:215-362.

[100] Gabrielli A. , Caldarelli G. Invasion Percolation and Critical Transient in the Barabási Model of Human Dynamics [J]. *Physical Review Letters*,2007,98(20):208701.

[101] Garfield E. Citation Indexes for Science [J]. *Science*,1955,122: 108-111.

[102] Gomez-Gardenes J. , Moreno Y. , Arenas A. Paths to Synchronization on Complex Networks [J]. *Phys Rev Lett*, 2007, 98:034101.

[103] Gonzalez M. C. , Hidalgo C. A. , Barabási A. L. Understanding Individual Human Mobility Patterns [J]. *Nature*, 2008, 453:

779-782.

[104] Griffith B. C. , Small H. , Stonehill J. A. , Dey S. The Structure of Scientific Literatures ii: Towards a Macro- and Microstructure for Science [J]. *Science Studies*, 1974, 4: 339-365.

[105] Han X. P. , Zhou T. , Wang B. H. Modeling Human Dynamics with Adaptive Interest [J]. *New Journal of Physics*, 2008, 10 (7): 073010.

[106] Huberman B. A. Growth Dynamics of the World-Wide Web [J]. *Nature*, 1999, 401: 31.

[107] Jarneving B. Bibliographic Coupling and its Application to Research-front and other Core Documents [J]. *Journal of Informetrics*, 2007, 1: 287-307.

[108] Jeong H. , Nda Z. , Barabási A L, . Measuring Preferential Attachment in Evolving Networks [J]. *Europhys. Lett.* , 2003, 61: 567-572.

[109] Kaneko K. *Coupled Map Lattices* [M]. Singopore: World Scintific. 1992.

[110] Kernighan B. W. , Lin S. A Efficient Heuristic Procedure for Partitioning Graphs [J]. *Bell System Technical Journal*, 1970, 49: 291-307.

[111] Kim Y. G. , Suh J. H. , Park S. C. Visualization of Patent Analysis for Emerging Technology [J]. *Expert Systems with Applications*, 2008, 34(3): 1804-1812.

[112] Kleinberg J. Bursty and Hierarchical Structure in Streams [C]. Proceedings of the 8th ACM SIGKDD International Conference on Knowledge Discovery and Data Mining, Edmonton, Alberta, Canada: ACM Press, 2002: 91-101.

[113] Kontostathis A. , Pottenger W. M. A Framework for Understanding Latent Semantic Indexing (LSI) Performance [J]. *Information Processing & Management*. 2006, 42(1): 56-73.

[114] Kostoff R. , Toothman D. , Eberhart H. , Humenik J. Text Mining

Using Database Tomography and Bibliometrics: a Review [J]. *Technological Forecasting and Social Change*,2001,68:223-252.

[115] Krapivsky P L., Redner S. Network Growth by Copying [J]. *Physical Review E*,2005,71:036118.

[116] La Rocca C. E. et al. Synchronization in Scale Free Networks with Degree Correlation [J]. *Physica A*,2011,390:2840-2844.

[117] Lambiotte, J., et al. Multirelational Semantic Maps [J]. *Educational Psychology Review*,1989,1(4):331-366.

[118] Lee S., Yoon B., Park Y. An Approach to Discovering New Technology Opportunities: Keyword-based Patent Map Approach [J]. *Technovation*,2009,29:481-497.

[119] Lewis T. G. *Network Science: Theory and Applications* [J]. John Wiley & Sons, Inc. 2009.

[120] Li X, Chen G. A Local World Evolving Network Model [J]. *Physica A*,2003,328:274-286.

[121] Liang, Y., & Tan, R. A Text-mining-based Patent Analysis in Product Innovative Process [J]. *Trends in Computer Aided Innovation*,2007,250:89-96.

[122] Liu H, Chen J, Lu J A, et al. Generalized Synchronization in Complex Dynamical Networks via Adaptive Couplings[J]. *Physica A*,2010,389:1759-1770.

[123] Liu X., Jiang T. T., Ma F. C. Collective Dynamics in Knowledge Networks: Emerging Trends Analysis [J]. *Journal of Informetrics*, 2013,7(2):425-438.

[124] Liu X., Ma F. C. Transfer and Distribution of Creative Activity for Bio-scientist in Knowledge Spaces [J]. *Scientometrics*. 2013,95: 299-310.

[125] Malmgren R. D., Stouffer D. B., Campanharo A. S. L. O., et al. On Universality in Human Correspondence Activity [J]. *Science*,2009,325:1696-1705.

[126] Milgram S. The Small World Problem [J]. *Psychology Today*,

1967,5:60-67.

[127]Milo R. ,Shen-Orr S. ,Itzkovitz S. ,Kashtan N. ,Chklovskii D. , Alon U. , Network Motifs: Simple Building Blocks of Complex Networks[J]. *Science*,2002,298:824-827.

[128]Morris S. A. ,Yen G. ,Wu Z. ,Asnake B. Timeline Visualization of Research Fronts [J]. *Journal of the American Society for Information Science and Technology*,2003,55(5),413-422.

[129] Motter A. E. , Zhou C. S. , Kurths J. Network Synchronization, Diffusion, and the Paradox of Heterogeneity[J]. *Phys Rev E*, 2005,71:016116.

[130]Nakamura T. ,Kiyono K. ,Yoshiuchi K. ,et al. Universal Scaling Law in Human Behavioral Organization [J]. *Physical Review E*, 2007,99(13) :138103.

[131]Newman M. E. J. Moore C. ,Watts D. J. Mean Field Solution of the Small World Network Model [J]. *Phys. Rev. Lett.* 2000, 84: 3201-3204.

[132]Newman M. E. J. The Structure and Function of Complex Networks [J]. *Siam Review*,2003,45(2):167-256.

[133]Newman M. E. J. Modularity and Community Structure in Networks [J]. *Proc. National Acad. Sci.* (USA),2006(103):8577-8582.

[134]Norton M. J. Introductory Concepts in Information Science. ASIA, New Jersey,2001.

[135] Palla G. , Derenyi I. , Farkas I. , Vicsek, T. Uncovering the Overlapping Community Structure of Complex Networks in Nature and Society[J]. *Nature*,2005(435):814-818.

[136]Park H. ,Ree J. J. ,Kim K. Identification of Promising Patents for Technology Transfers Using TRIZ Evolution Trends[J]. *Expert Systems with Application*,2013,40:736-743.

[137]Pothen A. ,Simon H. ,Liou K. P. Partitioning Sparse Matrices with Eigenvectors of Graphs [J]. *SIAM J. Matrix Anal. Appl*, 1990, 11:430.

[138] Pottenger W. et al. Detecting Emerging Concepts in Textual Data Mining[J]. *Computational Information Retrieval*,2001,89-105.

[139] Pottenger W. M., Yang T. H. Detecting Emerging Concepts in Textual Data Mining [J]. *Computational Information Retrieval*, 2001:89-105.

[140] Price D J. *Little Science, Big Science* [M]. New York: Columbia University Press,1963.

[141] Price D J. Networks of Scientific Papers [J]. *Science*,1965,149: 510-515.

[142] Ravasz E., Somera A. L., Mongru D. A., Oltvai Z., Barabasi A. L. Hierarchical Organization of Modularity in Metabolic Networks [J]. *Science*,2002,297:1551-1555.

[143] Ravoori B., et al. Robustness of Optimal Synchronization in Real Networks [J]. *Physical Review Letters*,2011,107:034102.

[144] Redner S. How Popular is Your Paper? An Empirical Study of the Citation Distribution [J]. *Eur. Phys. J. B.*,1998,4:131-134.

[145] Rousseau R., Zhang L. Betweenness Centrality and Q-measures in Directed Valued Networks [J]. *Scientometrics*, 2008, 75(3): 575-590.

[146] Salamatov Y.. *TRIZ: The Right Solution at the Right Time—A Guide to Innovative Problem Solving* [M]. Insytec, Hattem, 1999.

[147] Salton G., McGill M. J. *Introduction to Modern Information Retrieval* [M]. McGraw-Hill Book Co., New York, 1983.

[148] Scott J. *Social Network Analysis: a Handbook* [M]. London: Sage Publications, 2nd ed., 2002.

[149] Shi D. H., Chen Q. H., Liu L. M. Markov Chain-based Numerical Method for Degree Distribution of Growing Networks [J]. *Phys. Rev. E*,2005,71:036140.

[150] Shibata N., Kajikawa Y., Takeda Y., Matsushima K. Comparative Study on Methods of Detecting Research Fronts Using Different Types of Citation [J]. *Journal of the American Society for*

Information Science and Technology,2009,60(3):571-580.

[151] Simon H. A. On a Class of Skew Distribution Functions [J]. *Biometrika*,1955,42:425-440.

[152] Small H. Tracking and Predicting Growth Areas in Science [J]. *Scientometrics*,2006,68,3:595-610.

[153] Song C, Havlin S, Makse H A. Self-similarity of Complex Networks [J]. *Nature*,2005,433:392-395.

[154] Song C. M. , Qu Z. H. , Blumm N. , et al. Limits of Predictability in Human Mobility [J]. *Science*,2010,327:1018- 1021.

[155] Swan R. , Allan J. Extracting Significant Time Varying Features from Text [C]. Proceedings of 8th Conference on Information Knowledge Management (CIKM '99), Kansas City, MO: ACM Press. 1999:38-45.

[156] Tong, L. , Cong, H. , & Lixiang, S. Automatic Classification of Patent Documents for TRIZ Users [J]. *World Patent Information*, 2006,28(1):6-13.

[157] Tseng Y. , Wang Y. , Lin Y. , Lin C. , Juang D. Patent Surrogate Extraction and Evaluation in the Context of Patent Mapping [J]. *Journal of Information Science*,2007,33(6):718-736.

[158] Upham S. P. , Small S. Emerging Research Fronts in Science and Technology: Patterns of New Knowledge Development [J]. *Scientometrics*,2010,83:15-38.

[159] Van Eck N. J. , Waltman L. Noyons C. M. , Buter R. K. Automatic Term Identification for Bibliometric Mapping [J]. *Scientometrics*, 2010,82(3):581-596.

[160] Watanabe C. , Tsuji Y. , Griffy-Brown C. Patent Statistics: Deciphering a 'Real' Versus a 'Pseudo' Proxy of Innovation [J]. *Technovation*,2001,21(12):783-790.

[161] Watts D. J. Strogatz S. H. , Collective Dynamics of 'Small-world' Networks [J]. *Nature*,1998,393:440-442.

[162] White H. D. , McCain K. W. Visualizing a Discipline: an Author

Co-citation Analysis of Information Science, 1972-1995 [J]. *Journal of the American Society for Information Science*, 1998, 49(4):327-355.

[163] Yoon B., Park Y. A Text-mining-based Patent Network: Analytic Tool for High-technology Trend [J]. *The Journal of High Technology Management Research*. 2004. 15(1):37-50.

[164] Zhang P., Chen K., He Y., et al. Model and Empirical Study on some Collaboration Networks[J]. *Physica A*, 2006, 360:599-616.

[165] Zhou S, Mondragon R J. The Rich-club Phenomenon in the Internet Topology[J]. *IEEE Communication Letters*, 2004, 8(3):180-182.

[166] Zhou T., Kiet H. A. T., Kim B. J., et al. Role of Activity in Human Dynamics [J]. *Europhysics Letters*, 2008, 82 (2):28002.

[167] Zipf G. K. *Human Behavior and the Principle of Least Effort* [M]. Addison-Wesley, Cambridge, 1949.